Richard de Hoop

SPITZENTEAMS DER ZUKUNFT

So spielen Virtuosen zusammen

Bibliografische Information der Deutschen Nationalbibliothek

Die Deutsche Nationalbibliothek verzeichnet diese Publikation
in der Deutschen Nationalbibliografie; detaillierte bibliografische
Informationen sind im Internet unter http://dnb.ddb.de abrufbar.

ISBN 978-3-86936-593-0

Lektorat: Christiane Martin, Köln | www.wortfuchs.de
Umschlaggestaltung: Martin Zech Design, Bremen | www.martinzech.de
Umschlagfoto: Andrew Rich | iStock
Satz und Layout: Das Herstellungsbüro, Hamburg |
www.buch-herstellungsbuero.de
Druck und Bindung: Salzland Druck, Staßfurt

Copyright © 2014 GABAL Verlag GmbH, Offenbach

www.gabal-verlag.de

INHALT

HELLO AGAIN!

Mal eine Frage: Wie klingt Ihr Team gerade so? Harmonisch wie schmelzende Geigenklänge? Oder eher wie – Krawall? Seit vielen Jahren verwende ich Musik als Metapher und Inspirationsquelle für Teams. Und seit fast ebenso vielen Jahren nutze ich das geniale Teamrollenmodell des englischen Psychologen und Managementexperten Dr. Meredith Belbin. Ich habe daraus ein Orchestermodell gemacht, in dem jede der acht Teamrollen von Belbin durch ein anderes Musikinstrument repräsentiert wird. Was Sie gerade in Händen halten, ist mein zweites Buch zu diesem Thema – hello again!

Kurze Gebrauchsanleitung für dieses Buch

Mein erstes Buch *Macht Musik* ist ebenfalls im GABAL Verlag erschienen. Sie dürfen es sehr gerne lesen – aber keine Sorge: Sie brauchen mein erstes Buch nicht zu kennen, um dieses neue Buch zu verstehen. Alles, was Sie über das Teamrollenmodell von Belbin wissen müssen, erkläre ich Ihnen Schritt für Schritt. Wer das Buch von vorne nach hinten liest, statt kreuz und quer, ist deshalb klar im Vorteil.

In diesem Buch geht es um die Spitzenteams der Zukunft. Gleichzeitig geht es um die neue Welt der Wirtschaft, die gerade entsteht. Beides ist untrennbar miteinander verbunden. Die Teams der Zukunft sind flexibel, intelligent, vielseitig, kooperativ und sich selbst organisierend. Damit passen sie in eine Zeit, in der es zwar kaum noch Sicherheiten, dafür aber unzählige neue Chancen und Möglichkeiten geben wird. Wenn ich die Teams der Zukunft mit einem einzigen Adjektiv beschreiben soll, dann sage ich: Sie sind *virtuos*.

Denn genau das, was in der Musik einen *Virtuosen* ausmacht, wird die Mitglieder zukünftiger Spitzenteams auszeichnen: Talente durch lebenslanges Üben voll entwickeln, die Möglichkeiten der anderen kennen – und schließlich in der Lage sein, sich jederzeit spontan abzustimmen und zusammenzuspielen. Die Wirtschaft der Zukunft kann ohne solche Teamvirtuosen nicht funktionieren. Denn diese

Wirtschaft ist agil, komplex, global vernetzt und hoch innovativ. Warum Sie diese Zukunft nicht fürchten müssen, sondern sich darauf freuen dürfen, erfahren Sie auf den folgenden Seiten.

Das Buch besteht aus fünf Teilen und Zusatzangeboten online. In *Teil I* geht es um die sich immer schneller drehende Welt der Wirtschaft, in der es nur noch gemeinsam weitergeht und Spitzenteams eine Schlüsselrolle spielen. *Teil II* macht Sie mit den Grundlagen meines Orchestermodells und den Teamrollen von Belbin vertraut. Ich empfehle die Lektüre auch allen, die mein erstes Buch kennen, zur Auffrischung ihrer Belbin-Kenntnisse. In *Teil III* geht es darum, was in den Unternehmen der Zukunft konkret anders laufen wird als heute. *Teil IV* zeigt dann für jedes der acht Instrumente – sprich: Teamrollen – den Weg vom Einsteiger über den Fortgeschrittenen zum Virtuosen. QR-Codes führen Sie direkt zu weiteren Online-Übungen für Ihre Lieblingsinstrumente. *Teil V* schließlich beschreibt den Weg zum virtuosen Team und gibt Ihnen mit dem 4-C-Modell ein anschauliches Tool für die Weiterentwicklung Ihres Teams an die Hand.

ZUSATZANGEBOTE ONLINE

Unter www.richarddehoop.de und www.teamtalenttraining.de finden Sie jede Menge weitere Übungen für alle Teamrollen sowie einen Selbsttest, mit dem Sie Ihre Lieblingsinstrumente erkennen können. Achten Sie auf die QR-Codes in der Randspalte.

Ich wünsche Ihnen eine inspirierende Lektüre sowie viel Spaß und Erfolg bei den Übungen und beim Jamming in der Praxis!

Mit einer fröhlichen Note
Ihr Richard de Hoop

TEIL I:
CHANGIN' TIMES INTRO

> *Leben ist das, was passiert, während du eifrig dabei bist, andere Pläne zu machen.*

John Lennon, Poplegende

Track 1 ·

DIE WELT DREHT SICH SCHNELLER – WIE SCHNELL SIND SIE?

»Was die reine Schnelligkeit angeht – da
sollten Sie mal meine Schüler hören.
Da komme ich manchmal kaum noch mit.«
Maurice Steger, Flötenvirtuose

Ich kam rein und wusste: Hier ist die Luft raus. Keine Musik mehr, die mir Laune macht. Keine Verkäufer, die freudestrahlend auf mich zukommen. Ich schaute mich um: Ein Laden für Männersachen wie viele andere. Hatte hier einmal ein Spitzenteam jeden Tag Party gemacht? Ich konnte es kaum glauben.

Verlegen standen die beiden Regioleiter, die mich angerufen hatten, in einer Ecke. Es waren alte Freunde. Und sie waren frustriert. »Richard, es läuft nicht mehr«, meinte einer. Ihre Lieblingskollegen hatten längst gekündigt. Wir unterhielten uns eine dreiviertel Stunde. Plötzlich kam der neue CEO dazu. Er war von einem internationalen Luxuslabel hierher gewechselt. »Ey, was will der hier?«, raunte er seine Regioleiter an und schielte dabei zu mir herüber.

Später, nach einem missglückten Gespräch, sagte der CEO mir noch knapp, er wüsste seit Langem, wie das Modebusiness funktioniert. Ich ging. Kurz darauf stand in der Zeitung, dass Set Point *pleite sei. So schnell kann das heute gehen. Mich wundert es nicht.*

Wenn Sie mein erstes Buch *Macht Musik* gelesen haben, dann kennen Sie *Set Point* als sensationell erfolgreiche holländische Kette für Männerkleidung. In den 44 Filialen gab es noch vor Kurzem Aktionen, bei denen die Kunden hin und weg waren vor Begeisterung. Jetzt sind die Kunden nur noch weg. Und zwar für immer. Nach dem Verkauf von *Set Point* an einen dieser Konzerne, die ganz Europa mit ihren Läden überziehen, war nach fünf Jahren Schluss. Noch vor zwei Jahrzehnten wäre ein so schnelles Sterben kaum vorstellbar gewesen. Und wissen Sie, was noch erschreckender ist? Bei *Set Point* gab es nicht einmal katastrophales Missmanagement oder irgendwelche Skandale. Die Firma hatte »nur« aufgehört, sich weiterzuentwickeln. Bisher hoch motivierte Teams sollten jetzt *business as usual* machen. Es gab keine Antworten auf die nächste Welle der digitalen Revolution. Und die bisher mit viel Aufwand betreuten Kunden waren nur noch Datenbankeinträge im CRM-System eines Bekleidungskonzerns. Solche Fehler reichen heute schon, um schlagartig aus dem Geschäft zu sein.

Der neue CEO von *Set Point* wurde direkt nach der Übernahme eingesetzt und repräsentierte für mich die alte Welt der Wirtschaft. Er war gekleidet und gestylt, als wäre er einer Printwerbung jenes Luxuslabels entstiegen, bei dem er Karriere gemacht hatte. Das ist okay, in einem Spitzenteam darf jeder seinen persönlichen Stil pflegen. Doch so unnahbar, wie ein männliches Model über den Laufsteg schwebt, so distanziert bewegte er sich auch durch die Firma. Er dachte in Flagship-Stores. Schöne Fassaden und teure Werbung waren seine Welt. Gleichzeitig bestellten die Leute aber Kleidung zunehmend im Internet – bei uns in Holland übrigens früher und in größeren Mengen als in Deutschland, wo das erst jetzt richtig losgeht. Welchen Wert soll ein Shop in der Innenstadt den Kunden dann noch bieten? Worin besteht seine Existenzberechtigung? Die alte Welt der Wirtschaft hat auf solche Fragen oft keine Antworten. Ja, manche machen sich nicht einmal die Mühe, nach Antworten zu suchen. So wie dieser CEO.

🔊 **Neue Mitspieler krempeln Branchen und Märkte um.** Die Repräsentanten der neuen Welt der Wirtschaft heißen *Zappos* in den USA oder *Zalando* in Deutschland. Sie krempeln die Modebranche kräftig um. In der Finanzwelt heißen die neuen Mitspieler *Square* oder *Indiegogo*. Jeder kann heute mit seinem Smartphone Kreditkarten akzeptieren oder online für eine Idee Geld bekommen. Oder nehmen wir die Autoindustrie. Mit dem *Tesla Model S* hat ein kalifornisches Start-up ein Luxusauto auf die Räder gestellt, das im Vergleichstest einer deutschen Autozeitschrift bis auf Haaresbreite an den *Porsche Panamera* herangekommen ist. Der *Tesla* ist dabei nicht irgendein Luxusauto. Sondern ein Elektrofahrzeug mit einem zukunftsweisenden Antriebskonzept.

Was bedeutet es, wenn ein Start-up ein Luxusauto bauen kann, das genauso gut ist wie ein Audi, BMW oder Porsche? Und dabei noch ökologischer? Es bedeutet, dass die alte Welt der Wirtschaft gerade untergeht. Die Zukunft hat bereits begonnen. *Audi* hat mehr als 30 Jahre gebraucht, um sich weltweit in der Riege der Premiumhersteller zu etablieren. *Tesla Motors* stellte 2006 sein erstes Auto vor, einen kleinen Roadster. Die Luxuslimousine Model S ist überhaupt erst das zweite Produkt der Kalifornier. Und während in Deutschland noch über ausreichend Ladestationen für Elektroautos diskutiert wird, baut *Tesla* für seine deutschen Kunden einfach eigene Ladesäulen. Die Welt der Wirtschaft dreht sich immer schneller. Wie schnell ist Ihr Unternehmen?

Here we are now:
Disruptive Unternehmen machen Dampf

Der amerikanische Innovationsforscher und Harvard-Professor Clayton Christensen hat schon vor Jahren von disruptiven Technologien und disruptiven Unternehmen gesprochen. Eine Innovation ist disruptiv, wenn sie bestehende Technologien, Produkte oder Dienstleistungen möglicherweise vollständig verdrängt. So hat zum Beispiel die Digitalkamera die analoge Kamera fast komplett verschwinden lassen. Digitalkameras verlieren aber jetzt auch dramatisch Marktanteile, weil die Kameras der Smartphones immer perfekter werden. **Innovationen wirken auf unterschiedlichen Ebenen.** Disruptive Innovationen müssen nicht notwendig neue Technologien sein. Es kann sich zum Beispiel auch um Innovationen der Geschäftsmodelle handeln. So haben die Billigflieger in den letzten 15 Jahren etablierte Airlines an den Rand der Pleite getrieben oder zu Fusionen gezwungen.

> ▶ *»Trotz ihrer Ressourcenausstattung, Technologien, starker Markennamen, Produktionskompetenzen, Management-erfahrung, Distributionsstärke und trotz ihrer finanziellen Mittel haben erfolgreiche Unternehmen mit den besten Füh-rungskräften ihre größten Schwierigkeiten damit, Dinge zu tun, die nicht zu ihrem Geschäftsmodell passen.«*
> **Clayton Christensen, Innovationsforscher**

Als Christensen 1997 sein Buch *The Innovator's Dilemma* veröffent-lichte und davor warnte, dass viele ursprünglich innovative Unter-nehmen den Anschluss verlieren könnten, verlief der Wandel noch relativ gemütlich. In Zukunft werden disruptive Unternehmen im-mer schneller in bestehende Märkte eindringen und diese mit neuen Technologien, Geschäftsmodellen oder Services umkrempeln. Oder sie werden gleich komplett neue Märkte schaffen. In Deutschland gibt es beispielsweise seit 2007 die *Rocket Internet GmbH*. Das Unterneh-men hat funktionierende Geschäftsmodelle aus den USA innerhalb kürzester Zeit kopiert und auf den europäischen Markt gebracht. Mit *Rocket Internet* nahmen unter anderem die Firmen *Zalando, Groupon* und *eDarling* in Deutschland Fahrt auf.

Als *Zalando* 2008 in Berlin gegründet wurde, dachten die meisten Einzelhändler noch, die Leute würden niemals Schuhe im Internet kaufen. Schließlich könnten sie diese ja nicht gleich anprobieren. *Za-lando* konterte mit frecher Werbung: »Schrei vor Glück – oder schick's zurück!« Die Kunden begriffen: Wenn die Schuhe bei der Anprobe zu Hause nicht passen, kann ich sie einfach zurückschicken. Alles easy. Schon bald konnte der Claim auf »Schrei vor Glück« reduziert wer-den. Einige sagen, um die Remissionsquote zu senken. Ganz bestimmt aber, weil die Botschaft angekommen war. Die ersten Männer be-richteten von süchtigen Ehefrauen. Im fünften Geschäftsjahr machte *Zalando* bereits 1,15 Milliarden Euro Umsatz und begann dann, für einige überraschend, Outlet-Stores zu eröffnen. Das Internetgeschäft wurde also wieder mit stationärem Handel verknüpft. Allerdings: Zu-tritt zum Outlet haben ausschließlich bestehende Kunden. Sie müs-sen sich vor dem Shopping online registrieren. So etwas hat es vorher noch nirgendwo gegeben.

Die intelligente Neukombination von Elementen ist typisch für die neue Welt der Wirtschaft. Nicht Onlinehandel *oder* Filialgeschäft, sondern *beides*. Sowohl-als-auch statt Entweder-oder! So bietet die Bahn auch Mietwagen und Mietfahrräder an. Autohersteller sind ins Carsharing eingestiegen. Wir werden in den nächsten Jahren noch die verrücktesten Kombinationen von Produkten, Vertriebskanälen und Services erleben. Wir werden auch Zeugen von Allianzen einstmals erbitterter Konkurrenten sein. Heute stehen sich beispielsweise Biolandwirtschaft und Agrarindustrie noch wie Feinde gegenüber. Experten erwarten, dass beides zusammenwachsen wird. Natürliche Anbaumethoden werden mit Hightech eine Synthese eingehen. Agraringenieure werden sich Verfahren von der Natur abgucken. *Smart-Farming* lautet eines der Stichworte.

Bisherige Widersprüche gehen neue Synthesen ein.

Alles, was in der neuen Welt der Wirtschaft geschieht, hat mit Schnelligkeit, Flexibilität, Agilität und intelligenter Vernetzung zu tun. Einzelne Mitarbeiter, Teams, Unternehmen, Kunden und übrige Stakeholder spielen auf immer komplexere Weise zusammen. Was früher Jahrzehnte dauerte, dauert jetzt wenige Jahre. Und was bisher Jahre in Anspruch nahm, passiert bald in Monaten oder Wochen. Wenn Sie sich beispielsweise fragen, wie der Erfolg von *Tesla* überhaupt möglich ist, stoßen Sie schnell auf die Themen Outsourcing und Vernetzung. Denn auch die etablierte Autoindustrie baut schon zu rund 80 Prozent lediglich Komponenten zusammen, die Zulieferer wie *Bosch*, *ZF* oder *Continental* eigenständig entwickelt haben. Und für diese Zulieferer arbeitet dann jeweils wieder ein Netzwerk von anderen Entwicklern.

Nicht mehr maximale Konzentration von Kapital, natürlichen Ressourcen und Menschen bringt in Zukunft den Erfolg, sondern das richtige Netzwerk aus den besten Leuten und den besten Ideen. Wer am schnellsten die Lösung hat und die passenden Menschen, Ideen und Ressourcen miteinander verknüpfen kann, der hat gewonnen. Dabei wird es noch viel mehr als heute darauf ankommen, Ressourcen zu schonen und aus weniger mehr zu machen. Die Ansprüche steigen enorm. Alle müssen fitter und agiler werden und mehr aus sich herausholen.

Entertain us: Was der Kunde mag, verkauft sich

Set Point hätte alle Voraussetzungen mitgebracht, in der neuen Welt der Wirtschaft vorne mit dabei zu sein. Die Bekleidungskette hatte nämlich längst auf zwei der in Zukunft wichtigsten Erfolgsfaktoren gesetzt: Spitzenteams und positive, lebendige Kundenkontakte. Insbesondere während der legendären Aktionswochen hätten die Kunden beim Betreten der Läden von *Set Point* glauben können, hier sei die Arbeit eine einzige Party. Die Teams hatten untereinander Wettbewerbe laufen, wer in einer Woche am meisten verkauft. Alle packten in den Läden mit an, auch Mitarbeiter, die sonst in der Buchhaltung saßen oder für die IT verantwortlich waren. Dieser besondere *Spirit*, dieses Gefühl, dass jeder im Team die Talente der anderen schätzt und alle füreinander einstehen, machte die Firma besonders.

Die Kunden liebten nicht nur die Aktionswochen, während der sie glänzend unterhalten und noch mehr als sonst mit Freigetränken und Snacks verwöhnt wurden. Sie hörten oft und gerne von *Set Point*. Die Mitarbeiter waren geschult, sich die Vorlieben der Kunden zu merken und sie aktiv zu kontaktieren, sobald es attraktive neue Angebote im Laden gab. Da wurde dann ein Kunde zum Beispiel sofort angerufen, sobald neue Hemden in seiner Größe und mit seinem bevorzugten Schnitt eingetroffen waren. Natürlich bedeutete diese Betreuung auch Aufwand. Aber der Aufwand zahlte sich aus. *Set Point* hatte eine extrem hohe Kundenbindung und brauchte auch das Internet nicht grundsätzlich zu fürchten. Denn welche Website ruft Sie schon an und fragt Sie, ob Sie Lust auf ein neues Shirt von Ihrer Lieblingsmarke haben?

◀))) Die Erfolgsformel: Spitzenteams, die nah am Kunden sind

Mit dem Verkauf an einen Konzern war mit diesem Spirit schnell Schluss. Schon nach sechs Monaten kündigten die ersten Mitarbeiter. Der neue Eigentümer setzte auf Effizienz. Kunden wurden nicht mehr angerufen, sondern bekamen anonyme Mailings aus der Konzernzentrale – so wie alle anderen Kontakte irgendwo in Europa. Auch in den Läden schaute man jetzt vor allem, wo man Geld sparen und Personal abbauen könnte. Natürlich ist Effizienz wichtig. Aber an der richtigen Stelle! Der Innovationsforscher Clayton Christensen spricht von drei Arten von Innovationen: *Empowering Innovation, Sustaining Innovation* und *Efficiency Innovation* (siehe »Facts«).

Effizienzoptimierung kommt immer zum Schluss. Nämlich dann, wenn neue Technologien und Geschäftsmodelle nicht nur am Markt sind, sondern sich auch nachhaltig etabliert haben. Wer einseitig auf Effizienz setzt und über grundlegende Innovationen nicht mehr nachdenkt, der wird in Zukunft schneller noch als heute aus dem Geschäft sein. Das sind die Unternehmen, die sich »kaputtsparen«, statt zu überlegen, was ihre Kunden morgen wollen und mit welchen Teams ihnen das geboten werden kann.

FACTS

Nach dem Innovationsforscher und Harvard-Professor Clayton Christensen finden Innovationen auf drei Ebenen statt, die typischerweise als drei Phasen ablaufen:

1. *Empowering Innovation:* Diese Innovationen sind »disruptiv«; neue Mitspieler schaffen neue Märkte oder krempeln bestehende um.
2. *Sustaining Innovation:* Das sind Neuerungen, die Technologien oder Geschäftsmodelle am Markt halten und langfristig tragfähig machen.
3. *Efficiency Innovation:* Wenn eine Technologie oder ein Geschäftsmodell etabliert ist, kann dessen Effizienz gesteigert werden.

Jedes Unternehmen muss wissen: Was brauche ich wann? Wenn *Empowering Innovations* gerade meine Branche umkrempeln, genügt es nicht mehr, die Effizienz meines Business zu verbessern.

Je anonymer und digitalisierter die Welt wird, desto mehr steigt gleichzeitig die Sehnsucht der Menschen nach echten, positiven zwischenmenschlichen Kontakten. Die Kunden der Zukunft wollen beides: effiziente, einfach zu bedienende Technik und persönliche zwischenmenschliche Kontakte. Die besten Unternehmen in der neuen Welt der Wirtschaft wissen auch genau, wie beides seinen Platz bekommt: Wo brauche ich ein Spitzenteam? Und wo können Routineaufgaben schneller und besser von Computern und Maschinen erledigt werden? Das zu entscheiden, ist keine technische Frage, sondern eine strategische. Wenn ich bei *KPN* anrufe, dem holländischen Gegenstück zur *Deutschen Telekom*, und eine Computerstimme leitet mich erst minutenlang durch Menüs – »Wenn Sie dies wollen, drücken Sie die Eins, wenn Sie das wollen, drücken Sie die Fünf« –, dann werde ich schier wahnsinnig. Hier wird der persönliche Kundenkontakt dem Effizienzgedanken geopfert. Dabei könnte ein Spitzenteam von Kundenbetreuern aus *jedem* Kundenkontakt eine Menge machen.

Ähnlich ist es, wenn eine Firma den Rechnungsversand einspart und ich mich als Kunde selbst auf der Website einloggen soll, um die Rechnung abzurufen. Für mich ist das lästig. Die Firma spart Geld dadurch, dass ich ihre Arbeit mache. Das ist an sich schon kein guter Deal. Aus Sicht der Firma gibt es aber auch keinen positiven Kundenkontakt mehr. Der Kunde verschwindet aus dem Blickfeld. Und so wird die digitale Zukunft eben nicht aussehen. Menschen wollen nach wie vor bei Menschen kaufen und mit Menschen gemeinsam Geschäfte machen. Dabei jedoch gleichzeitig neue Möglichkeiten ausschöpfen.

> ▶ »Immer wird beklagt, dass keiner zu Klassikkonzerten kommt und die Musik ausstirbt. Wenn jemand Talent mitbringt und etwas dagegen tut, wird es aber ignoriert. Manchmal habe ich das Gefühl, einige wollen gar nicht, dass sich was ändert.«
> **David Garrett, Stargeiger**

Kürzlich wollte ich ein neues Fahrrad kaufen. Ich steuerte ein traditionsreiches Geschäft an. Da fragte ich mich dann angesichts unfreundlicher Bedienung und null Beratung: Warum bestelle ich nicht gleich online? Das wäre viel preisgünstiger. Was bringt mir so ein Laden noch? Diese Frage von Kunden müssen immer mehr Händler beantworten. Eine innovative Strategie ist hier das sogenannte Show-Rooming. Es gibt dann nur noch wenige Läden, in denen die Kunden Produkte anschauen und ausprobieren können. Ein qualifiziertes Team berät, beantwortet Fragen und nimmt Beschwerden oder Reparaturaufträge entgegen. Der Vertrieb läuft aber entweder vollständig oder hauptsächlich über das Internet. Ein Showroom nimmt die Bestellungen entgegen und hat allenfalls eine kleine Auswahl von Produkten vorrätig.

Bye bye, Daddy Cool: Spitzenleistung schlägt bunte Bilder

Letztes Jahr vor Weihnachten schien jeder zweite Holländer einen Computer, eine Kamera oder ein Smartphone haben zu wollen. Jedenfalls berichteten die Hauptnachrichten im Fernsehen von enormen Problemen des Handels, im Weihnachtsgeschäft alle Kundenwünsche zu erfüllen. Bei etablierten Versandhäusern wie *Wehkamp* oder *Bol* gab es Lieferengpässe. Bestellungen konnten nicht mehr bearbeitet werden und die Kunden waren stocksauer. Nur bei einem einzigen Elektronikhändler gab es laut Fernsehberichten keinerlei Beschwerden: *Cool Blue*. Mich hat das nicht überrascht. Denn *Cool Blue* macht seine Sache unglaublich gut. Während andere nur davon reden, den Kunden in den Mittelpunkt zu stellen, richten sich hier Spitzenteams konsequent darauf aus. Den Kunden soll eine perfekte Leistung geboten werden. Und sie sollen dabei auch noch Spaß haben. Allein im Jahr 2013 konnte *Cool Blue* ein Umsatzplus von 48 Prozent verzeichnen. Es entstanden 175 neue Arbeitsplätze in Holland und Belgien. Wie machen die das?

Wie wäre es damit, seine Sache einfach unglaublich gut zu machen?

Wenn ich online bei *Cool Blue* bestelle, bekomme ich die Garantie: Was bis 23.59 Uhr bestellt ist, wird am folgenden Tag gratis ins Haus geliefert. Und das klappt wirklich! Ein kleines logistisches Meisterstück. Passend dazu ist der Kundenservice ebenfalls täglich bis 23.59 Uhr erreichbar. Wenn ich zu den online gezeigten Produkten eine Frage habe, dann rufe ich einfach an. Hier kommt der nächste Baustein des Erfolgs ins Spiel: hervorragend geschulte Mitarbeiter, die auf so gut wie jede Frage zu Produkten und Konditionen eine kompetente Antwort haben. Und drittens kommt dann noch Spaß und Entertainment ins Spiel. *Cool Blue* denkt sich immer wieder was aus, das die Kunden zum Schmunzeln bringen kann. Dafür gibt es sogar eine eigene Abteilung, in der drei Leute die ganze Zeit Späße erfinden. Ein Traumjob, oder?

Als ich bei *Cool Blue* eine Linse für meine Kamera bestellt hatte, kam eine blaue Box mit lauter kleinen Witzen drauf. So musste ich schon schmunzeln, bevor ich das Produkt überhaupt ausgepackt hatte. In der Box gab es dann neben der Linse noch einige kleine Gimmicks. Unter anderem eine witzige Karte, mit der ich mich beim Nachbarn dafür bedanken konnte, dass er das Paket angenommen hatte. Alles Kleinigkeiten, die aber in der Summe den Unterschied machen. Schließlich hat *Cool Blue* irgendwann entschieden, kein reiner Onlineshop zu bleiben, sondern Kunden auch den persönlichen Kontakt zu ermöglichen. In fünf großen Städten in Holland gibt es deshalb inzwischen »echte« Shops von *Cool Blue*. Wer will, der kann auch online bestellen und die Bestellung am nächsten Tag dort abholen.

FEEL THE BEAT

Fragen Sie sich doch einmal: Stimmen in meinem Unternehmen die »Basics«? Macht mein Team aus Kundensicht einen ausgezeichneten Job, sodass es nie Grund zu Beschwerden gibt? Und fragen Sie sich: Wie groß ist der Abstand zwischen unserem Team und unseren Kunden? Wie nah dran sind die Mitarbeiter an den Kunden? Bekommt jeder im Team mit, was den Kunden wichtig ist und was ihnen Spaß macht?

Cool Blue ist für mich ein wunderbares Beispiel für die intelligente Kombination von bewährten Angeboten und neuen Ideen. Diese Synthesen sind so typisch für die neue Welt der Wirtschaft. Händler gibt es viele. Bei *Cool Blue* hat man verstanden: In Zukunft müssen erst mal die Basics wieder stimmen. Werbung mit bunten Bildern nützt nichts, wenn die Leistung nicht überzeugt. *Cool Blue* macht überhaupt keine klassische Werbung in Zeitschriften, auf Plakaten oder im Fernsehen. Dafür berichtet dann eben das Fernsehen kostenlos, wie die Konkurrenz mal wieder überholt wurde. Auch hier ist das Rad nicht neu erfunden worden. Aber man beschäftigt sich mit den eigenen Ressourcen und fokussiert sich auf die richtigen Dinge. Das geht nur mit den richtigen Leuten. Nur ein Spitzenteam, das nah am Kunden ist, kann wissen, was dem Kunden wirklich wichtig ist. Und nur wer seine Kunden kennt, kann sie zum Lächeln bringen.

🔊)) **Perfektionisten – nah am Kunden und auch noch mit jeder Menge Humor**

Öfter mal werde ich von Firmen eingeladen und bekomme die Neujahrsreden der CEOs mit. Meist geht es da nur um Umsatz, Mitarbeiterzahl, Gewinn und solche Dinge. Natürlich müssen auch betriebswirtschaftlich die Basics stimmen. Aber kaum ein CEO erzählt mal ein überragendes Kundenbeispiel oder lobt die Spitzenleistung seiner Teams. Zahlen, Daten, Fakten – das zählt für die Manager in der alten Welt der Wirtschaft. Und die Mitarbeiter? Für die heißt es oft: Ich muss hier einen Job machen. Es heißt für sie nicht: Ich will hier besonders gut sein. Oder: Ich will etwas tun, was für unsere Kunden wirklich sinnvoll ist und ihnen Freude macht. Denken in Zahlen und denken in Aufgaben, die erledigt werden müssen – so tickt die alte Welt. In der neuen Welt, die jetzt gerade entsteht, wird das nicht mehr reichen.

Ja, die Welt dreht sich wesentlich schneller. Und das wird jetzt so weitergehen. Ich habe kürzlich eine Untersuchung gelesen, nach der in 20 Jahren 40 Prozent der heutigen Arbeit verschwunden sein wird. Computer und Roboter werden noch viel mehr Arbeit übernehmen, als wir es uns heute vorstellen können. Wo bleibt die Arbeit? Sie bleibt vor allem dort, wo es um zwischenmenschliche Kontakte geht. In der Wirtschaft bricht eine Ära an, in der die Menschen mit ihren Talenten in den Mittelpunkt rücken. Wo langweilige, eintönige Arbeit automatisiert wird, da entstehen Freiräume, in denen Menschen wirklich für Menschen da sind. Ich finde, das ist doch eine wunderbare Entwicklung! Die Welt dreht sich schneller, aber uns muss dabei nicht schwindelig werden. Vorausgesetzt, wir besinnen uns alle auf unsere menschlichen Stärken. Jetzt ist die Chance dazu!

REWIND

Junge, »disruptive« Unternehmen verändern die Spielregeln der Märkte. Sie sind hoch flexibel und agil. Wer sich nicht weiterentwickelt, kann gegen sie nur verlieren.

Spitzenteams, die nah am Kunden sind, machen das Rennen. Unternehmen, die wissen, was ihre Kunden wollen, sorgen für Innovationen an der richtigen Stelle.

In Zukunft wird es überall entscheidend sein, dass die Basics stimmen. Kunden gehen zu dem Anbieter, der sein Geschäft perfekt beherrscht. Gleichzeitig wird der zwischenmenschliche Kontakt wieder wichtiger.

WARUM ES NUR NOCH GEMEINSAM WEITERGEHT

 *»Das Leben ist wie ein großer Wandteppich.
Und all die Fäden, die wir verweben, führen uns
irgendwann zueinander zurück.«*
Robbie Williams, Popstar

Da war dieses Rührstäbchen. So ein kleines Stück Plastik, mit dem man seinen Kaffee umrührt. Gé Moonen hielt es mir hin und sagte: »Ist das nicht ein verrücktes Produkt? Wir verwenden es drei Sekunden und dann bleibt es 300 Jahre in der Umwelt, bis es verrottet.« Ich nickte zustimmend. Ja, wir Menschen sind teilweise schon etwas verrückt.

Gé Moonen ist kein Umweltaktivist, sondern Unternehmer. Seine Firma Moonen Packaging aus meiner Heimatstadt Weert ist ein großer Anbieter von Verpackungen aller Art. Auch Kaffeebecher und Rührstäbchen gehören zum Angebot. Den Menschen all diese Wegwerfprodukte auszureden, ist für Gé keine Lösung. Es würde auf die Schnelle sowieso nicht funktionieren.

Gé Moonens Branche gilt als »schmutzig«. Doch er will es besser machen. Seine Firma hat jetzt auch umweltfreundliche Rührstäbchen. Oder Kaffeebecher ohne Erdölprodukte. Auch bei den großen Verpackungen gibt es Fortschritte. Moonen wurde als Grünstes Unternehmen der Niederlande 2013 ausgezeichnet. Gé ist realistisch. Er muss einen Markt bedienen. Doch er weiß: Nur wenn alle umdenken, entsteht Neues. Es geht nur gemeinsam.

Anhand eines Rührstäbchens versteht jeder, warum es nur noch gemeinsam weitergeht. Entweder wir alle wollen eine Wirtschaft, die sich mehr um den Menschen, seine Talente und seine tatsächlichen

Bedürfnisse dreht – eine Wirtschaft, die Ressourcen schont und unseren Kindern und Enkeln die Welt nicht als eine einzige Müllhalde hinterlässt. Dann entstehen auch die entsprechenden Märkte und viele neue Arbeitsplätze. Oder wir wollen das nicht. Dann denkt jeder nur an sich, seine maximale Bequemlichkeit und den oberflächlichen Reiz. So bleibt die alte Welt der Wirtschaft noch ein Weilchen bestehen. Irgendwann ist so oder so Schluss, schon weil die Ressourcen endlich sind. Insbesondere auf das Erdöl werden wir in Zukunft verzichten müssen. Heute sind wir so sehr abhängig davon. Aber auch andere Rohstoffe, wie beispielsweise Metalle, stehen nicht unbegrenzt zur Verfügung. Sogar der Sand wird langsam knapp. Doch ohne Sand kein Beton für unsere Bauwerke.

Nicht im Alleingang, sondern gemeinsam lässt sich vieles verbessern. Wo ich in Holland, Deutschland und im übrigen Europa hinkomme, treffe ich immer mehr Menschen wie Gé Moonen. Sie wissen, dass es so wie bisher nicht weitergehen kann. Doch anders als manche Vertreter früherer Generationen sind sie keine Träumer und keine Revolutionäre. Sie sind Realisten. Sie wollen nicht protestieren gehen, sondern konkret und in kleinen Schritten Dinge besser machen. Nicht im Alleingang, sondern gemeinsam mit anderen. Auf der Website von *Moonen Packaging* steht der Satz: »Wir sind … ein Geschäftspartner, der seinen Logistikapparat, sein Marktwissen und sein Netzwerk gerne teilt.« In dieser Aussage steckt eine Menge vom Spirit der neuen Generation im Business. Die Entwicklung geht vom *Gatekeeper*, der argwöhnisch über seine Patente wacht, zum *Enabler*, der sein Wissen und seine Ressourcen teilt – nicht aus Selbstlosigkeit, sondern weil alle gemeinsam maximal profitieren sollen.

Eine neue Gemeinsamkeit zeigt sich längst auf vielen Ebenen. In Holland hat früher zum Beispiel jedes produzierende Unternehmen seine eigenen teuren Maschinen und Werkzeuge angeschafft. Diese mussten regelmäßig erneuert werden, um gegenüber der Konkurrenz nicht zurückzufallen. Heute schließen sich immer mehr Firmen zu Pools zusammen, die gemeinsam teure Maschinen und Werkzeuge kaufen und sich die Nutzung dann teilen. Das spart nicht nur Kosten,

sondern schont auch die natürlichen Ressourcen. In Europas Groß-
städten wird Carsharing als Alternative zum eigenen Auto immer
beliebter. Neben den Angeboten der Konzerne gibt es längst Websites, über die auch Privatleute ihr Auto zu einem selbst festgesetzten
Preis anbieten können. Dank des Internets wird Carsharing so auch
in Kleinstädten und auf dem Land möglich. Und wo Nachbarschaften
beginnen, alle möglichen Sachen zu teilen, da brauchen sie nicht einmal das Internet dazu.

It's just an illusion: Warum es keine Krise gibt

In Europa reden wir seit Jahren von »Krise«: erst die Kohlekrise,
dann die Strukturkrise, die Finanzkrise und nun die Eurokrise – immer neue Krisen tauchen auf. Auch in den Unternehmen scheinen
viele immer noch zu glauben: »Wir sind in einer Krise.« In Holland ist
das sicher etwas ausgeprägter als in Deutschland. Aber auch deutsche
Unternehmen, denen es im Moment relativ gut geht, sind
nicht frei von Zukunftssorgen. Jedes Land hat eben
seine eigenen Herausforderungen. Doch ist es **Wir
stecken in einem gigantischen
Transformationsprozess.**
überhaupt noch sinnvoll, von »Krisen« zu sprechen? Immer mehr Experten sagen: Wir haben
überhaupt keine Krise. Wir befinden uns vielmehr
in einer Zeit des Übergangs. Wirtschaft und Gesellschaft
stecken mitten in einem gigantischen Transformationsprozess. Und es
ist wie bei allen Prozessen, die über große Zeiträume ablaufen: Weil
sich die Dinge nicht schlagartig verändern, sondern Schritt für Schritt,
bekommen wir den Wandel manchmal gar nicht so richtig mit.

»Krise« klingt immer nach Gefahr, nach drohendem Verlust. Der
Transformationsprozess, in dem wir uns jetzt befinden, steckt jedoch
voller Chancen! Die Folge dieses großen Wandels wird nämlich sein,
dass der Fokus weggeht von Kapital, Strukturen und Prozessen. Und
hingeht zu Menschen, ihren Talenten und Bedürfnissen. Das stellt die
Industriegesellschaft der letzten 200 Jahre vom Kopf auf die Füße. In
Zukunft müssen die Menschen sich nicht mehr verbiegen, um sich

dem großen Getriebe der Wirtschaft anzupassen. Sie sind keine kleinen Rädchen mehr, die zu funktionieren haben. Im Gegenteil, die Wirtschaft mit ihren Strukturen und Prozessen wird sich den Menschen anpassen. Die Wirtschaft der Zukunft wird so sein, wie wir alle sie wollen. Und nicht mehr so, wie einige wenige Profiteure es bestimmen.

FACTS

Aus traditionellem Unternehmertum wird *New Entrepreneurship*. Der Unternehmer ist nicht mehr Boss, sondern Visionär und Inspirator. Und Gemeinsamkeit ist der Schlüssel zu allem. Hier sind einige wesentliche Merkmale der Transformation, die wir gerade erleben:

von Autoritäten ...	... zur Intelligenz der Vielen
vom Geld als Ziel ...	... zu gesellschaftlichen Zielen
von Regulierung ...	... zu Offenheit und Beteiligung
von Geheimhaltung ...	... zu maximaler Transparenz
vom Effizienzdenken ...	... zur Sorge um den Kunden
vom Patent- und Markenschutz ...	... zum Teilen von Ideen
von Strukturen und Prozessen ...	... zu Menschen und Bedürfnissen
vom Ressourcenverbrauch ...	... zu Kreisläufen
von Misstrauen ...	... zu Vertrauen

Wenn es in Zukunft mehr um den Menschen geht, dann geht es ganz automatisch auch mehr um die Umwelt. Ohne eine gesunde Umwelt, die uns trägt und unterstützt, können wir unsere Talente nicht optimal entfalten. Mein Freund, der holländische Zukunftsforscher Tony Bosma, schätzt, dass heute rund 95 Prozent der Produkte, die wir kaufen, nach spätestens einem Jahr auf dem Müll landen. Das wird sich in Zukunft ändern. Wir werden uns von einer »Verbrauchswirtschaft« zu einer »Kreislaufwirtschaft«, einer *Circular Economy*, entwickeln. Das bedeutet zum Beispiel: Wenn etwas schon im Boden landet, wie eben dieses kleine Rührstäbchen, dann soll es den Boden wenigstens düngen. Der Weg zur Kreislaufwirtschaft bedeutet einen riesigen Umbau unserer heutigen Welt. Da kann man schon mal »die Krise bekommen« ... Trotzdem ist das alles keine Krise, sondern eine Transformation, die sich für alle lohnen wird.

Wichtig für den Transformationsprozess ist das, was viele einzelne Unternehmen jeden Tag machen, und wie sich viele einzelne Konsumenten jeden Tag entscheiden. Nehme ich als Firma die billigsten Rohstoffe und Komponenten, egal, was das für die Menschen und die Umwelt bedeutet? Oder kann ich meine Kunden überzeugen, dass es sich lohnt, für Qualität, Haltbarkeit und ökologische Unbedenklichkeit ein wenig mehr Geld auszugeben? Umgekehrt: Wähle ich als Verbraucher reflexartig das billigste Angebot? Oder bin ich bereit, darüber nachzudenken, was für meine wirklichen Bedürfnisse, für alle beteiligten Menschen und für den Kreislauf der Natur die beste Wahl ist? In solchen Entscheidungen besteht jetzt die große Herausforderung.

Entscheidend ist, was jedes einzelne Unternehmen jeden Tag tut.

Unternehmer wie Gé Moonen haben verstanden, dass sie auf diesem Weg nicht nur ihre Kunden, sondern auch ihre Mitarbeiter mitnehmen müssen. So etwas wie *Grünstes Unternehmen der Niederlande* wird man nur, wenn alle in der Firma an eine Vision glauben. Die Vision war hier, dass man selbst in einer der umweltfeindlichsten Branchen die Dinge auch besser machen kann. Bei *Moonen Packaging* sind vom CEO bis zum Lkw-Fahrer alle davon überzeugt, dass der eingeschlagene Weg richtig ist. Als ich bei *Moonen* meine Instrumentenshow gemacht habe, erlebte ich eine wirklich enthusiastische Truppe. Es war eine Stimmung wie auf einer *Games Conference* – dabei beschäftigen sich diese Menschen mit Folien und Kartons! Ich spürte: Hier herrscht wirklich eine Gemeinschaftlichkeit.

Wer als Unternehmer oder Manager diese Gemeinschaft fördert, der nimmt dem Team auch eine unbegründete »Krisenangst«. Gé Moonen hat das geschafft. Seine Leute schauen optimistisch in die Zukunft.

Und sie sind hoch motiviert. *Exceeding expectations* lautet der Claim von *Moonen Packaging* – und diesen Ehrgeiz, Erwartungen zu übertreffen, haben in der Firma alle. Gé Moonen ist ein großer Kommunikator. Und er vertraut Menschen. Offenheit, zeitnahe Informationen an alle, ehrliches Überzeugen und das Prinzip »Vertrauen gegen Vertrauen« – das alles sind Bausteine des Erfolgs bei diesem CEO. Damit ist er ein typischer Vertreter der neuen Welt der Wirtschaft. Seine Begeisterung steckt andere an. Nicht zuletzt weiß Gé Moonen: Talent ist das Kapital der Zukunft. Mit seiner Initiative *Moonen got talent* traut er *allen* Mitarbeitern zu, sich neue Dinge auszudenken. Auch Innovationen entstehen in Zukunft gemeinsam.

Let's get together: Engagierte Mitarbeiter teilen Ideen

Verbesserungsvorschläge sind in Unternehmen ein alter Hut. Im Kommunismus waren die Arbeiter sogar verpflichtet, regelmäßig Verbesserungsvorschläge einzureichen. Genützt hat das der Kommandowirtschaft bekanntlich nichts. Aber auch in den Unternehmen der freien Marktwirtschaft fristet das »betriebliche Vorschlagswesen« oft ein Schattendasein. Einer, der es geschafft hat, dass wirklich alle seine Mitarbeiter mitdenken und ständig Ideen produzieren, ist der Unternehmer Mike Fischer. Mike hat in Thüringen mehrere Firmen in den Bereichen Erwachsenenbildung, Dienstleistung und Gastronomie mit insgesamt rund 200 Mitarbeitern. Seit einer gemeinsamen Fortbildung vor einigen Jahren sind wir befreundet. Wie schafft es Mike Fischer, dass seine Leute wirklich gerne ihre Ideen einbringen? Und wie kommt es, dass die meisten Ideen auch noch richtig gut sind?

🔊 **Wo Mitarbeiter ihre Ideen gerne teilen – und wo nicht**

Zunächst einmal, indem Mike für ein Klima des Vertrauens sorgt. Das klingt banal, ist es aber nicht. Menschen behalten ihre besten Ideen lieber für sich, wenn sie fürchten, von anderen übers Ohr gehauen zu werden. Ideen mit anderen zu teilen ist Vertrauenssache. Es ist ein Geben und Nehmen. Das Vorschlagswesen im Kommunismus hat ja schon deshalb nicht funktioniert, weil dort ein Klima des extremen Misstrauens herrschte. Wer immer aufpassen muss, was er sagt, der sagt am besten gar nichts. In einer Kultur des Vertrauens sind Ideen nicht nur jederzeit willkommen. Die Mitarbeiter wissen auch, dass von guten Ideen letztlich alle gemeinsam profitieren. Und wo kommen die Ideen her? Ganz einfach: Es ist der Normalzustand engagierter Menschen, dass sie Dinge infrage stellen und auf neue Ideen kommen. Das weiß jeder, der ein Hobby hat. Bei den Dingen, die wir gerne machen, fällt uns immer wieder etwas Neues ein. Erst wenn wir etwas nicht gerne machen, ist uns auch gleichgültig, wie es sich entwickelt. Das ist das Problem an vielen Arbeitsplätzen in der alten Welt der Wirtschaft.

Wenn ein Mitarbeiter mal einen oder zwei Monate lang keine neue Idee hat, dann ist das völlig okay. Aber wenn auch nach drei Monaten kein einziger Einfall kommt, dann stimmt wahrscheinlich etwas nicht. Das ist jedenfalls die Erfahrung von Mike Fischer. Der Unternehmer geht von der Annahme aus, dass alle seine Mitarbeiter gute Ideen haben. Sofern die Mitarbeiter das Vertrauen haben, dass die Firma ihre Ideen zum Nutzen aller Mitarbeiter und Kunden umsetzen wird, teilen sie diese auch gerne. Die Firma muss dann nur noch die Ideen intelligent einsammeln. Das machen die Firmen von Mike Fischer mit einem Online-Programm. Alle Mitarbeiter haben außerdem jederzeit ein Budget von 200 Euro, um kleine Ideen sofort selbst umzusetzen. Größere Ideen, die mehr kosten würden, werden regelmäßig im Team besprochen.

FEEL THE BEAT

Die besten Ideen haben fast immer die eigenen Mitarbeiter! Fragen Sie sich einmal: Wie viele Ideen kommen in Ihrem Unternehmen von den Mitarbeitern bzw. in Ihrem Team von den Teammitgliedern? Teilen die Menschen in Ihrer Firma gerne ihre Ideen? Haben Sie ein Tool, um Ideen systematisch zu erfassen? Wird regelmäßig über neue Ideen diskutiert? Gibt es Feedback zur Umsetzung?

Auch bei *Cool Blue*, der erfolgreichen holländischen Elektronikkette, kommen viele Ideen von den eigenen Mitarbeitern. Wer sich im Kerngeschäft von anderen gar nicht so sehr unterscheidet, aber mit Spitzenleistung bei den Kunden punkten will, der wird das ohne die Kreativität der Mitarbeiter gar nicht schaffen. Bei *Cool Blue* arbeiten die Mitarbeiter so, wie sie Elektronik selber gerne einkaufen würden. Und sie gönnen sich und ihren Kunden bei der Arbeit den Spaß, den sie auch in ihrer Freizeit gerne haben. Die Trennung »hier der blöde Job – da die tolle Freizeit« wird es in Zukunft nicht mehr geben. Mitarbeiter sind nur dann eine lebendige Quelle für Ideen, wenn sie ihre Arbeit richtig gerne machen. Dem »Nine-to-five-Jobber« ist es oft egal, wie gut oder schlecht die Firma für ihre Kunden arbeitet. Nach einem Vortrag in Deutschland sagte mir eine Frau mal: »Ihr Modell mit den Instrumenten ist toll, aber unser Chef interessiert sich nur für unsere Schwächen, nicht für unsere Stärken.« Ich war ziemlich geschockt. Wenn jemand Chef sein will, dann ist es seine Hauptaufgabe, die Talente der Mitarbeiter zu fördern und dafür zu sorgen, dass Kreativität sich voll entfalten kann.

Wer seine Arbeit richtig gerne macht, der hat auch Ideen.

Trust in me, baby: Gemeinsamkeit auf der Basis von Vertrauen

Misstrauen ist der Grund, warum bürokratische Hierarchien überhaupt noch existieren. Die Leistung verbessern sie nicht und dem Kunden dienen sie auch nicht. Das jedenfalls glaubt der amerikanische Versandhändler *Zappos* und will den Beweis erbringen, dass es anders besser geht. Unter den 1500 Mitarbeitern von *Zappos* gibt es in Zukunft keine klassischen Hierarchien mehr. Auch Jobtitel wie »Leiter« oder »Direktor« sollen – zumindest im internen Gebrauch – abgeschafft werden. Stattdessen wird die Arbeit jetzt nach dem Prinzip der Gemeinsamkeit in sich überlappenden »Kreisen« von Mitarbeitern organisiert. Die Ausgangsfrage lautet dabei: Wer arbeitet mit wem gemeinsam an welcher Aufgabe? Bisher lautete die Frage in

Unternehmen eher: Wer hat wen zu »führen« und wer muss an wen »berichten«? *Zappos* nennt seinen neuen Ansatz *Holacracy* (statt Hierarchie). Da steckt das altgriechische Wort *holos* drin, was Ganzheit bedeutet. Es wird spannend zu sehen sein, wie gut dieser ganzheitliche Ansatz bei *Zappos* auf die Dauer funktionieren wird.

> *»Je mehr wir gewachsen sind, desto mehr haben wir gemerkt, wie sehr die Bürokratie, an die wir uns alle gewöhnt haben, uns in unserer Anpassungsfähigkeit behindert.«*

John Bunch, Manager bei *Zappos*

Eines ist klar: Viele Leute sind es leid, dass ihre Ideen »vor dem Chef sterben«. Immer mehr Mitarbeiter bürokratischer Unternehmen kündigen und suchen sich neue Herausforderungen dort, wo ihre Talente und ihre Kreativität wirklich gefragt sind und wertgeschätzt werden. Sie finden das dort, wo Vertrauen in Menschen herrscht. Die alte Welt der Wirtschaft war und ist geprägt von Vertrauen in Geld, Ressourcen und Strukturen – bei gleichzeitigem Misstrauen gegenüber Menschen. Die Teams der Zukunft werden anders arbeiten. Sie definieren ihre Ziele und schaffen sich dann die passenden Strukturen, um sie zu erreichen. Sie organisieren sich das nötige Geld und die notwendigen Ressourcen um ihre Ziele herum. Dabei wissen sie: Das alles ist Mittel zum Zweck. Sie setzen ihr Vertrauen in erster Linie in sich selbst, in ihre Talente und in die Gemeinschaft.

Es gibt eine Menge Leute, die haben Angst vor der Zukunft, die jetzt anbricht. Sie sagen: Die Sicherheit verschwindet. Alles wird unsicher. Alles ändert sich ständig. Das macht ihnen Angst. Diese Menschen haben oft ein veraltetes Verständnis von Sicherheit. Sie glauben an Geld und an bürokratische Strukturen. Langfristige Arbeitsverträge, Versicherungen oder Geldanlagen lassen sie ruhig schlafen. Dabei erweisen sich doch gerade das Geldsystem und die alten bürokratischen Strukturen als besonders wackelig und anfällig. Von heute auf morgen können diese Sicherheiten nichts mehr wert sein.

Alte Sicherheiten wie das Geldsystem erweisen sich als besonders wackelig und anfällig.

Menschen in den Teams der Zukunft vertrauen auf neue Formen von Sicherheit. Ihre Sicherheit basiert auf Selbstgewissheit. Diese Sicherheit lässt sich ungefähr so charakterisieren:

- Ich weiß, was ich kann.
- Ich weiß, wem ich vertrauen kann.
- Ich weiß, dass es gute und schlechte Zeiten gibt.
- Ich weiß, dass alle unterschiedliche Talente haben.
- Ich weiß, dass es gemeinsam am besten geht.

Noch ist das alte Misstrauen nicht verschwunden. In den Köpfen vieler Menschen in Unternehmen lebt die Vorstellung fort, dass jeder nur auf seinen eigenen Vorteil aus ist. In den USA entstehen immer noch bei jedem großen Deal Millionen an Anwaltskosten. Misstrauen ist teuer. Ein echter Exzess ist der sogenannte »Patentkrieg« zwischen *Google* und *Apple* im Bereich der Mobiltelefone. Im Jahr 2012 übernahm Google für über 12 Milliarden US-Dollar den Rivalen *Motorola*. Angeblich nur, um an deren Patente zu kommen. Anfang 2014 kamen *Google* und *Samsung* dann überein, alle bisherigen und zukünftigen Patente miteinander zu teilen. Eigentlich ein großartiger Schritt in Richtung Gemeinsamkeit. Leider soll auch dies bloß ein weiterer strategischer Schachzug im »Krieg« gegen *Apple* sein. So kann es nicht mehr lange weitergehen!

In einem Klima des Misstrauens versuchen Unternehmen weniger mit einer Vision zu überzeugen als mit konventionellen Methoden des Marketings ihre Kunden zu verführen. Bei den meisten Produkten, die heute den Markt beherrschen, werden bis zu 50 Prozent des Kaufpreises durch das Marketing verursacht. Selbst die neuen Formen der Kundenbewertung im Internet versuchen einige Unternehmen auszuhebeln. Irgendwie liest man ja heute überall positive Kundenbewertungen. Wer sie nicht bekommt, der schreibt sie sich einfach selbst.

Doch das funktioniert nicht mehr lange. Kunden durchschauen die Tricks der Etablierten. Sie geben nicht mehr viel auf öffentliche Kundenbewertungen. Vielmehr vernetzen sie sich untereinander und tauschen sich darüber aus, was wirklich empfehlenswert ist. Auch hier gewinnt am Ende das Vertrauen. Wir vertrauen beispielsweise unseren Freunden mehr als der Werbung von Unternehmen. Wenn nun immer mehr Menschen auf Social Media ihre Einkäufe posten, so beeinflusst das deren Freunde mehr als jedes Marketing. Kunden fragen sich heute: Bei wem kann ich mir wirklich Rat holen? Welche Person meines Vertrauens hat mit diesem Produkt Erfahrungen gemacht?

Durch die zunehmende Vernetzung und intensivere Kommunikation wird es immer einfacher, sich auszutauschen. Haben Sie schon einmal gesehen, wie Kunden im Laden per Smartphone Informationen zu dem Produkt einholen, das sie gerade entdeckt haben? Diese Transparenz wäre früher überhaupt nicht möglich gewesen. Heute ist das ganz einfach. Und vom Austausch über Produkterfahrungen ist es nur noch ein kleiner Schritt zum Teilen von Produkten im Freundeskreis oder in der Nachbarschaft. Unternehmen sollten diese Entwicklung nicht bekämpfen – schon weil sie sich ohnehin nicht stoppen lässt.

Kunden vernetzen sich – Unternehmen sollten das fördern.

Die besten Unternehmen der Zukunft werden den Austausch und das Teilen unter ihren Kunden aktiv fördern und unterstützen. So wie die Lufthansa heute schon an Flughäfen das »Taxi-Sharing« unter ihren Kunden unterstützt. Per Smartphone-App kann man sich einfach auf die Suche nach anderen Fluggästen begeben, die auch gerade ein Taxi in die Innenstadt suchen. Dann teilt man sich die Fahrt und die Kosten. Bei *Amazon Trade-In* können Kunden ihre gelesenen Bücher und gebrauchten DVDs gegen Wertgutscheine wieder einsenden. Amazon verkauft die Artikel dann gebraucht weiter. Auch das ist intelligente Unterstützung von Kunden, die allen Beteiligten nutzt: Der eine Kunde wird bequem seine gebrauchten Bücher und DVDs los, der andere Kunde erhält diese Produkte billiger und der Anbieter macht ein zusätzliches Geschäft. Es sind gerade diese kleinen Schritte in Richtung intelligenter Gemeinsamkeit, auf die es jetzt ankommt.

REWIND

Ein großer Veränderungsprozess hat in der Wirtschaft begonnen, der nur Erfolg haben kann, wenn alle es wollen. Jedes Unternehmen kann kleine Schritte zu mehr Gemeinsamkeit und Umweltverträglichkeit gehen.

Es entsteht eine Kultur des Teilens auf der Basis von Vertrauen. Engagierte Mitarbeiter teilen ihr Wissen und ihre Ideen. Kunden tauschen Produktwissen aus und teilen sich Produkte.

Alte hierarchische und bürokratische Strukturen werden der neuen Wirtschaftswelt immer weniger gerecht. Innovative Teams organisieren sich nicht hierarchisch, sondern um die gemeinsamen Aufgaben herum.

DIE TEAMS DER ZUKUNFT BESTEHEN AUS LAUTER VIRTUOSEN

»Ohne auf Ziele hinzuarbeiten, könnte ich nicht leben. Ohne die vielen überraschenden Momente meines Lebens jedoch wäre ich kein kompletter Mensch und auch nicht in der Lage, spontan auf der Bühne zu reagieren.«
Anne-Sophie Mutter, Geigerin

Lara spricht vor den versammelten Mitarbeitern und strahlt ihre übliche Ruhe aus. Vor vier Jahren waren sie hier fast pleite. Jetzt feiern sie Erfolge, verdienen unglaublich viel Geld, expandieren. Lara ist die Chefin, aber sie prahlt nicht mit ihren Leistungen. Wie sie auf der Jahresversammlung redet, hört sich der Turnaround nicht wie ihr persönlicher Erfolg an. Laras Rede klingt nicht mal so, als wäre irgendwas Besonderes passiert. »Es war doch klar, dass wir es mit euch schaffen«, scheint sie sagen zu wollen.

Wo ich hier bin? In einer Privatklinik im Süden von Holland. Lara leitet die Verwaltung. Als sie diesen Job übernahm, waren die medizinischen Leistungen der Klinik international anerkannt. Gleichzeitig drohte das Haus wirtschaftlich im Chaos zu versinken. Ruhig, aber bestimmt konfrontierte Lara damals ihre Leute mit der Wahrheit: »Ihr seid kein richtiges Team. Das müsst ihr aber werden!«

Seit Lara hier ist, haben sich schrittweise Teams gebildet. Vom Medizinprofessor über die Krankenschwester bis hin zum Hausmeister ziehen heute alle an einem Strang. Lara wusste auch in schwierigen Zeiten: Talente gibt es hier genug. Wir müssen lernen, virtuos zusammenzuspielen!

Wenn in der Musik von einem Virtuosen die Rede ist, dann stellt man sich darunter einen Musiker mit perfekter Technik vor. Da ist was Wahres dran. Virtuosen beherrschen ihr Instrument nahezu perfekt. Doch einen Virtuosen auf technische Perfektion zu reduzieren wäre ungefähr so, als würden Sie bei einem Spitzenfußballer nur die Ballbeherrschung sehen. Allein mit der Arbeit am Ball wird niemand zum Fußballstar. Es gehört eine Menge mehr dazu. Genauso wird allein durch die nahezu perfekte Beherrschung eines Musikinstruments noch niemand zum Virtuosen. Echte Virtuosen verstehen es vielmehr auf geniale Weise, anderen Musikern zuzuhören, sich mit ihnen abzustimmen und dann mit ihnen zusammenzuspielen. Sie merken sofort, wo die anderen in ihrem Können stehen, und stellen sich blitzschnell darauf ein. Ein Virtuose findet praktisch immer einen Weg, mit anderen gemeinsam zu musizieren. Musikalische Einsteiger, ja selbst Fortgeschrittene mit passablem Können, kommen dagegen im Zusammenspiel an Grenzen. Entweder es passt – oder eben nicht.

Virtuosität in der Musik ist für mich die perfekte Metapher für das, was auch die Mitspieler in den Teams der Zukunft auszeichnen wird. Diese Teams werden flexibel, intelligent, vielseitig, kooperativ und sich selbst organisierend sein. Virtuosen im Business besitzen eine extrem hohe Anpassungsfähigkeit. Sie finden sich schnell in jedes Team ein. Sie sind in der Lage, mit ganz unterschiedlichen Menschen zusammenzuarbeiten. Auch dann, wenn die anderen in ihren Talenten nicht genauso weit entwickelt sind wie sie in ihren. Und selbst dann, wenn es große Unterschiede beim kulturellen Hintergrund oder den Wertvorstellungen gibt. Die Wirtschaft der Zukunft hat solche Teamvirtuosen dringend nötig. Denn zukünftig bleiben Teams immer kürzer zusammen. Schon heute sind Mitarbeiter in Unternehmen manchmal Mitglied in mehreren Teams gleichzeitig und müssen immer wieder umschalten.

 Die Teams der Zukunft: flexibel, intelligent, vielseitig, kooperativ und sich selbst organisierend

»*Du musst dein Instrument lernen. Dann üben, üben, üben. Und dann, wenn du schließlich da oben auf der Bühne stehst, vergiss das alles und hau einfach rein!*«
Charlie Parker, Jazzlegende

Was macht einen Virtuosen nun eigentlich so anpassungsfähig? Auch das sind in der Musik und in Teams der Wirtschaft ähnliche Eigenschaften. Da sind zunächst die eigenen voll entwickelten Talente. Virtuosen sind echte Könner. Im Team heißt das: Sie kennen ihre bevorzugten Teamrollen und beherrschen diese annähernd perfekt. Wenn Sie mein erstes Buch *Macht Musik* gelesen haben, dann kennen Sie bereits die acht Teamrollen nach Meredith Belbin und auch die acht Musikinstrumente, die ich als Metapher für diese Rollen verwende. Sollte das Instrumentenmodell für Sie neu sein, erfahren Sie im nächsten Kapitel das Wesentliche darüber. Sie können dann **Talente und Rollen kennen –** online einen kostenlosen Selbsttest machen. Für **und die der anderen** den Augenblick genügt, wenn Sie sich vorstellen, dass Belbin von den »funktionalen Rollen« in Unternehmen – wie »Abteilungsleiter« oder »Assistent« – sogenannte »Teamrollen« unterschieden hat, die das soziale Verhalten im Team beschreiben. Da gibt es dann zum Beispiel einen »Tempomacher«, einen »kritischen Denker« oder einen sensiblen »Teamplayer«.

Teamvirtuosen wissen nicht nur, welche Teamrollen ihnen am meisten liegen und wie gut sie darin jeweils sind, sie kennen auch die bevorzugten Rollen und Fähigkeiten aller anderen Teammitglieder. Das ist jetzt auch wieder exakt so wie in der Musik! Ein Virtuose weiß nämlich durch Zuhören genau, mit welchen Mitspielern er es zu tun hat – und stimmt sich dann präzise mit ihnen ab. Teamvirtuosen im Business finden mit Leichtigkeit in jedem Team ihren Platz und sorgen gemeinsam mit den anderen für bestmögliche Ergebnisse. Sie kennen ihre zwei bis drei bevorzugten »Instrumente« – sprich: Teamrollen – und sind in der Lage, je nach Situation zwischen diesen Rollen zu wechseln. Gleichzeitig wissen sie, welche Teamrollen die anderen Teammitglieder gerade einnehmen und in welche anderen Rollen diese bei Bedarf wechseln könnten.

Lara zum Beispiel ist mit am besten in einer Teamrolle, die ich »Klavier« nenne – sie versteht es hervorragend, das Potenzial anderer Teammitglieder zu entdecken und zu aktivieren. Gleichzeitig ist sie eine tüchtige Arbeiterin. Diese Fähigkeit hat in meinem Modell der

»Bass«. Schließlich versteht sie es auch sehr gut, zu kommunizieren und in Konflikten zu vermitteln. In diesen Momenten ist sie eine virtuose »Geige«. Noch sind echte Teamvirtuosen eher selten. Lara ist für mich ganz klar eine Virtuosin auf ihren drei Instrumenten. Deshalb möchte ich Ihnen von ihr und ihrer Arbeit noch mehr erzählen.

Relight my fire:
Von der Pleitetruppe zum Spitzenteam

»Das sind Nerds hier! Das sind medizinische Nerds!« – so ungefähr lautete Laras Diagnose, als sie ihren Job als Verwaltungsleiterin in der Privatklinik angetreten hatte. Der medizinische Direktor, ein weltweit angesehener Professor, hatte sich und sein Ärzteteam mit modernster Technik umgeben. Das Problem: Die millionenteuren Geräte einer – sorry – deutschen Firma waren extrem störanfällig. Auf Deutsch gesagt: ständig kaputt! Außerdem waren die Service- und Wartungsverträge so schlecht, dass es kaum Möglichkeiten gab, vom Hersteller Abhilfe zu verlangen. Die Klinik mochte ein medizinischer Leuchtturm sein, war aber durch die Fehlinvestition gleichzeitig ein betriebswirtschaftlicher Schrotthaufen. Wegen ihrer langen Erfahrung im Gesundheitswesen wusste Lara genau, wie solche Situationen typischerweise entstehen. Wo es kein echtes Team gibt, wo jeder sein Süppchen kocht und auf eigene Faust Dinge durchsetzt, ohne sich mit den anderen abzustimmen, da droht irgendwann Chaos. Hier hatten es die medizinischen Nerds offensichtlich nicht für nötig befunden, sich bei ihren Anschaffungen von Kollegen mit besseren betriebswirtschaftlichen und juristischen Kenntnissen unterstützen zu lassen.

🔊 **Es gibt kein echtes Team? Das rächt sich irgendwann.**

Lara agierte in dieser Situation von Anfang an offensiv. Ruhig, sachlich und ohne vorwurfsvollen Ton konfrontierte sie alle mit dem mangelnden Teamgeist. Sie machte klar, wie die Probleme hätten verhindert werden können, wenn alle sich im entscheidenden Moment gefragt hätten: Wen brauchen wir noch? Wessen Talente sind nötig?

Wer kann helfen? Laras erster großer Erfolg war, dass alle bereit waren, sich der Misere zu stellen. Weil sie selbst offen, ehrlich und frei von Vorwürfen war, nahmen sich die anderen an ihr ein Beispiel. Bereits hier zeigte Lara, wie virtuos sie die Teamrolle »Klavier« beherrscht, zu der es gehört, mit natürlicher Autorität das Team im Griff zu haben und auf neue Ziele auszurichten.

Als Nächstes stellte Lara allen Mitarbeitern ihren radikalen Lösungsansatz vor: den Anbieter wechseln und noch einmal komplett neue Geräte anschaffen – obwohl das die finanzielle Situation kurzfristig sogar noch verschärfen würde, obwohl die bestehenden Geräte noch fast neu waren und obwohl klar war, welchen Ärger mit dem bisherigen Lieferanten das geben würde. Lara kommunizierte ihren Plan klar und transparent an alle. Sie glaubte fest an diesen Befreiungsschlag. Doch sie verschwieg niemandem die Risiken. Vor allem verschwieg sie nicht, dass dieser Plan eine Zeit lang Einschränkungen an anderen Stellen bringen würde. Alle sollten die Wahrheit kennen. Und dann sollten alle mitentscheiden.

Alle reden miteinander, bauen Vertrauen auf, ziehen schließlich an einem Strang.

Lara nahm sich Zeit für viele Gespräche. Nacheinander stellte sie allen im Haus Fragen wie: Seid ihr opferbereit? Wollt ihr diesen Weg gehen? Oder wollt ihr, dass wir es anders versuchen? Hat jemand eine bessere Idee? Schließlich stimmten alle dem Plan zu. Auch diejenigen, die für die aktuelle Misere verantwortlich waren. Sie fühlten sich nicht an den Pranger gestellt. Niemand zeigte mit dem Finger auf sie. Sie konnten sicher sein: Es geht ausschließlich um eine Lösung. Und: Das Vertrauen ist nicht erschüttert! Jeder hat bis jetzt so gehandelt, wie er glaubte, es sei das Beste. Jetzt machen wir es gemeinsam noch besser. Die Vergangenheit lassen wir ruhen. So ging der Plan schließlich auf. Lara hatte sich bei allen ein Ja abgeholt. Jetzt zogen alle an einem Strang. Die Krisensituation und die Notwendigkeit, dass alle Opfer bringen mussten, schweißte die Belegschaft erst recht zusammen. Nach drei bis vier Jahren ging es der Klinik wirtschaftlich so gut, dass das Management über einen zweiten Standort nachdachte.

Die eigenen Fähigkeiten kennen, die Fähigkeiten der anderen kennen und dann beides einsetzen – das ist das Erfolgsrezept von Teamvirtuosen. Lara wusste, dass sie sehr gut Menschen zusammenbringen und auf ein gemeinsames Ziel einschwören kann. Ihr war auch klar, dass sie eine hohe soziale Kompetenz besitzt und in Konflikten ausgleichend wirkt. Diese Fähigkeiten setzte sie ein, um beim Turnaround ihrer Klinik die Führung zu übernehmen. Ihre ruhige Selbstgewissheit sorgte dafür, dass alle – auch die Medizinprofessoren – ihre Autorität anerkannten.

Ein weiterer Baustein für Laras Erfolg bestand darin, dass sie einen Grundkonflikt auf der Ebene der Teamrollen erkannte: Da gab es die hochintelligenten, innovativen Mediziner, die ziemlich eigensinnig agierten und sich mit den anderen zu wenig abstimmten. Dieses Verhalten ist in meinem Modell typisch für die kreative, aber eigenbrötlerische »Gitarre«. Auf der anderen Seite gibt es im Gesundheitswesen viele praktisch eingestellte, disziplinierte Arbeiter. Diese »Bässe« ergreifen kaum die Initiative und rufen deshalb auch selten laut »Stopp!«, wenn etwas schiefläuft.

Lara hat nicht irgendwelche Teams geformt, sondern welche, in denen jetzt die früher fehlenden »Instrumente« gespielt werden. Sie wusste, dass einerseits mehr Kommunikation, andererseits mehr kritisches Hinterfragen nötig war. Im Team sollten zukünftig Instrumente wie »Trompete« oder »Harfe« erklingen, die genau für solche Eigenschaften stehen. Teamvirtuosen zeichnet es aus, dass sie am Klang ihres Teamorchesters schnell hören, welche Instrumente gerade fehlen. Und wenn sie eine Führungsrolle im Team einnehmen, dann sorgen sie dafür, dass jemand diese Instrumente spielt.

Together forever and never apart:
Virtuosen sind keine Solisten

Wie werden Normalos zu Teamvirtuosen? Keine Frage: Es hat mit Arbeit zu tun! Auch das ist wieder genau wie in der Musik: Ohne Fleiß kein Preis. Musik kann die große Leidenschaft eines Menschen sein – und doch muss er üben, üben, üben bis zur Meisterschaft. Von nichts kommt nichts. In den Teams der Zukunft ist es genauso. Die Arbeit muss Spaß machen, klar, sonst hat alles keinen Sinn. Mit Spaß allein wird aber niemand zum Teamvirtuosen. Die Bereitschaft, sich anzustrengen, zu trainieren, sich zu engagieren, muss hinzukommen. Auch in Zukunft werden wir in einer Leistungsgesellschaft leben. Nichts wird uns einfach so in den Schoß fallen. Am Ende der Anstrengung steht aber auch das gute Gefühl, gemeinsam etwas Sinnvolles geschafft zu haben.

Ohne Fleiß kein Preis – daran ändert sich nichts.

Vielleicht kennen Sie aus meinem ersten Buch die Untersuchung des schwedischen Psychologen Anders Ericsson, der sich mit Spitzenleistungen in Sport und Musik beschäftigt hat. In einer Langzeitstudie unter Schülern an Konservatorien zeigte sich, dass alle, die später Virtuosen waren, mindestens 7500 Stunden geübt hatten. Möglicherweise kennen Sie auch die »10 000-Stunden-Regel«, die der Autor Malcolm Gladwell in seinem Buch *Überflieger* propagiert. Gladwell sagt: Außergewöhnlich erfolgreiche Menschen – egal auf welchem Gebiet – haben sich mindestens 10 000 Stunden mit einer Sache beschäftigt. Fleißig, ausdauernd und diszipliniert.

Ich finde solche Untersuchungen spannend, möchte hier aber auch eines deutlich machen: Weder *allein* durch Üben noch durch *alleine* Üben wird jemand zum Virtuosen! Neben all diesen Stunden Ausdauer braucht ein Virtuose noch zwei weitere Dinge: erstens Talent und zweitens andere Menschen. Ja, es stimmt: Man kann durch Üben eine Menge erreichen, manchmal fast alles. Dennoch haben Menschen unterschiedliche Talente. Wer übt und übt und übt, obwohl er zu einer Sache nur wenig Talent hat, der wird

Üben ist wichtig. Talent und Austausch mit anderen sind genauso wichtig.

irgendwann vielleicht durchaus erfolgreich damit sein. Glück und Erfüllung erfährt dieser Mensch am Ende aber wahrscheinlich nicht.

Fleiß und Disziplin sind wichtig. Noch wichtiger ist, dass wir unsere wirklichen Talente und Neigungen erkennen und entwickeln. In Spitzenteams gibt es immer Mitglieder, denen das nicht nur für sich selbst gelingt. Sondern die auch die Talente der anderen Teammitglieder erkennen und fördern. Unsere Casting-Shows suggerieren manchmal, jeder hätte für alles Talent. Das ist nicht die Realität. Wir haben alle Talente, aber eben unterschiedliche. Irrsinnig viel Fleiß in etwas zu stecken, was am Ende keine Erfüllung bringt, ist bitter. Nehmen Sie zum Beispiel den australischen Schwimmstar Ian Thorpe, der heute wegen Depressionen behandelt wird und Probleme mit Drogen hat. Oder nehmen Sie Andre Agassi, der von seinem Vater getrieben wurde, aber anscheinend selbst nie richtig Lust auf Tennis hatte.

Ein weiterer Punkt ist fast noch wichtiger: Teamvirtuosität kann sich nur im Team entwickeln! Virtuosen sind keine Solisten. Zwar kann jeder bei sich selbst anfangen, an seinen Talenten zu arbeiten und diszipliniert zu üben. Erst im Zusammenspiel von Individuum und Gruppe entfaltet sich dann aber die wahre Virtuosität. Stellen Sie sich einmal vor, die Welt der Musik bestünde nur aus Stücken für Soloinstrumente beziehungsweise Solostimmen. Dann würde quer durch alle Genres nur ein Bruchteil dessen existieren, was Musik so großartig macht. Im Zusammenspiel entfaltet sich erst das ganze Potenzial der Musik. Und in der Zusammenarbeit in Wirtschaft und Gesellschaft entfaltet sich das volle Potenzial des Menschen.

Es gilt deshalb das Grundprinzip: Werde selbst besser, um die Qualität deines Teams zu erhöhen! Jeder, der alleine etwas eingeübt und einen Fortschritt erzielt hat, sollte sich sofort wieder Feedback von der Gruppe holen. Denn individuelle Fähigkeiten sind immer nur so gut, wie sie sich im Zusammenspiel mit dem Team einsetzen lassen. Nach jeder Schulung oder Fortbildung ist deshalb ein Reality-Check angesagt: Was bringt das jetzt dem Team?

Das Bewusstsein für individuelle Talente und das Wechselspiel zwischen Individuum und Gruppe sind heute in den meisten Organisationen noch eher schwach ausgeprägt. Typisches Beispiel: Brainstorming. Zu solchen Kreativmeetings werden üblicherweise alle möglichen Mitarbeiter verdonnert, ohne Rücksicht darauf, ob sie zu einem solchen kreativen »Spinnen« überhaupt Talent haben. Ganz zu schweigen davon, ob ihnen so etwas Spaß macht. Da sitzen dann etwa die »Bässe«, die fleißigen Arbeiter, im Brainstorming, langweilen sich und ärgern sich im Stillen, weil ihre Arbeit liegenbleibt. Wer dagegen im Team gerne »Klavier«, »Gitarre« oder »Trompete« spielt, hat nicht nur Talent zum Brainstorming, sondern auch richtig Spaß daran. Das andere Extrem zum übertriebenen Brainstorming-Kollektivismus sind dann die vermeintlichen Genies auf dem Chefsessel und die einsamen Entscheider in den Unternehmen, die ihre Ideen nie mit anderen austauschen, sondern einfach anordnen, was sie für richtig halten. Auch davon gibt es heute noch viele.

Auf das Wechselspiel zwischen Individuum und Gruppe kommt es an.

Die Teams der Zukunft werden ausbalancierter sein als die meisten Teams, die wir heute kennen. Die Sensibilität für die Talente der jeweils anderen wird enorm zunehmen. Gerade die in ihren Talenten am weitesten entwickelten Menschen sind zunehmend in der Lage, sich selbst zurückzunehmen. Es ist eine psychologische Binsenweisheit, dass auftrumpfende Egos oft innerlich unsicher sind. In den Spitzenteams der Zukunft dominieren Menschen, die mit einer ruhigen Selbstgewissheit agieren. Sie packen ihr Ego ein, weil es ihnen auch selbst im Weg ist. Ein schöner englischer Spruch dafür lautet: »From *ego* to *we go*!« Tatsächlich ist das übertriebene Ego einzelner Teammitglieder heute oft eine große Bremse. Mit weniger Ego geht es gemeinsam kraftvoll nach vorne!

We will be heroes:
Darauf kommt es in den Teams der Zukunft an

Wie werden wir in einer immer komplexeren und dynamischeren Welt zusammenarbeiten? Eine Prognose wagt Dr. Peter Essens, Principal Scientist im Bereich Sozialforschung bei der TNO, der Niederländischen Organisation für Angewandte Naturwissenschaftliche Forschung. »Um zukünftige komplexe Probleme anpacken zu können«, sagt Peter Essens, »brauchen wir Modelle, um schnell und ad hoc zwischen sehr unterschiedlichen Organisationen Zusammenarbeitsverbände zu formen: die sogenannten *Multi-Team-Systems*.« Dazu wird es laut Essens nötig sein »nicht in Organisationen und Prozessen zu denken, sondern vom Menschen als Motor ausgehend – auch über Organisations- und Abteilungsgrenzen hinweg.« Schon heute haben sich herkömmliche Formen des Teambuilding, wie sie zum Beispiel das klassische Modell von Bruce Tuckman mit den Phasen *forming, storming, norming* und *performing* beschreibt, vielerorts erledigt. Das gilt für viele internationale Konzerne mit kulturell höchst diversen Teams.

🔊 Das klassische Teambuilding in mehreren Phasen hat ausgedient.

Es ist jetzt schon kaum noch Zeit, sich erst langsam zusammenzufinden, durch eine obligatorische Krise zu gehen, Regeln zu definieren und dann – irgendwann – zu funktionieren und Ergebnisse zu liefern. Teams müssen immer öfter sofort und spontan funktionieren. »Ad hoc«, wie es Peter Essens nennt. In einer Netzwerkwirtschaft müssen sich dann auch noch Menschen aus ganz verschiedenen Organisationen und Kulturen projektbezogen sehr schnell zusammenschließen können. Oft gehen sie nach kurzer Zeit wieder auseinander. Das erfordert die *Multi-Team-Systems,* von denen Peter Essens spricht. Für die einzelnen Menschen kommt hinzu, dass sie gleichzeitig Mitglied in immer mehr Teams sind. Anders als früher können Teammitglieder auch seltener auf jahrelange Erfahrung mit ein und derselben Tätigkeit zurückgreifen. Es gibt heute Teams, in denen für die meisten Mitglieder die meisten Aufgaben neu sind.

Diese Herausforderungen haben drei Hauptkonsequenzen: Erstens müssen wir möglichst alle Teamvirtuosen werden. Wer weiß, welche Teamrolle er wie gut beherrscht, und wer gleichzeitig andere sehr gut einschätzen kann, der findet überall schnell seinen Platz. Zweitens müssen wir endlich Teams, Strukturen, Prozesse und Organisationen um die Menschen herum bauen, statt wie bisher von Menschen zu verlangen, dass sie sich vorgegebenen Strukturen möglichst gut anpassen. Ausgehend von Zielen und Personen ergeben sich Strukturen und Prozesse. Drittens müssen wir den Umgang mit Vielfalt beherrschen. Diversity ist längst kein reines gesellschaftspolitisches Schlagwort mehr, sondern beschreibt die Realität in international aufgestellten Unternehmen. Die kulturelle Rolle wird deshalb neben der funktionalen Rolle, der hierarchischen Rolle und der Charakterrolle für Teams zunehmend relevant.

> »Wir müssen einen Weg finden, unsere Unterschiedlichkeit zu feiern und über unsere Unterschiede zu diskutieren, ohne dass unsere Gemeinschaften in Teile zerfallen.«
> **Hillary Clinton, Politikerin**

Wie schnell die interkulturelle Falle zuschnappen kann, habe ich selbst noch vor Kurzem erlebt. Da habe ich meine Instrumentenshow für den Weltkongress von *Junior Chamber International* (JCI) gemacht, einer globalen Organisation für junge Unternehmer. 5000 Leute aus 50 Nationen waren dazu nach Brüssel gekommen. Mit dem gerade neu gewählten Vorsitzenden war abgesprochen, dass er fünf Minuten lang etwas sagt und ich dann mit meiner Show anfange. Er meinte nämlich, dass meine Botschaft genau seine Agenda für das kommende Jahr der JCI unterstreichen würde. So haben wir es dann gemacht. Nach kurzer Zeit war die Stimmung einfach genial. Viele Teilnehmer schwenk-

Umgang mit Diversity wird entscheidend.

ten ihre Landesfahnen – das war fast wie *Last Night of the Proms*. Alle schienen begeistert. Alle? Nein, die Japaner waren sauer. Das erfuhr ich später. Und ich erfuhr auch den Grund: Für sie darf ein Vorsitzender nicht nur fünf Minuten reden. Er muss mindestens eine Stunde reden! Alles andere ist ein Skandal. Völlig unverständlich.

Darüber hatten wir nicht nachgedacht. Wir hätten die Japaner ins Boot holen müssen. In einer solchen Situation heißt es: Erst mal allen zuhören. Dann offenlegen, was man vorhat. Und sich dann abstimmen, inwiefern es für die Teilnehmer aus allen Kulturkreisen so in Ordnung ist. Das ist so ähnlich wie Autofahren in anderen Ländern. Die Verkehrsregeln mögen praktisch gleich sein. Aber gefahren wird doch überall anders. Am besten komme ich mit dem Auto im Ausland klar, wenn ich mich einfach darauf einschwinge, wie gefahren wird.

Der nächste Schritt ist der Schritt zu echter Inklusion. Er bedeutet, die Unterschiede in der Kultur, in Glaubenssystemen und im Lebensstil nicht nur zu respektieren und mit ihnen umzugehen, sondern sie produktiv zu machen. Auch der Klang eines vollen Orchesters entsteht ja gerade durch die Unterschiedlichkeit der Instrumente im Zusammenspiel. Bei der kulturellen Inklusion stehen die meisten Unternehmen heute erst am Anfang der Entwicklung. Zunächst werden sie erst einmal ihre Sensibilität erhöhen müssen. Gerade die viel gescholtenen Banken sind hier schon relativ weit, weil ihre Teams längst sehr international sind. In den virtuosen Teams der Zukunft werden Unterschiede nicht nur anerkannt, sondern regelrecht zelebriert werden. Es wird das Motto gelten: *Vive la différence.*

REWIND

Teamvirtuosen besitzen eine extrem hohe Anpassungsfähigkeit. Sie finden sich schnell in jedes Team ein und
sind in der Lage, mit ganz unterschiedlichen Menschen
zusammenzuarbeiten.

Es macht Teamvirtuosen aus, die eigenen Fähigkeiten
und die Fähigkeiten der anderen zu kennen und beides
einzusetzen. Sie kennen ihre wirklichen Talente und
üben nicht nur allein, sondern auch mit anderen.

Strukturen und Prozesse der Zukunft werden sich um
Menschen und Ziele herum bilden. Die Sensibilität für
kulturelle und persönliche Unterschiede nimmt zu.
Diversity und Inklusion werden zu neuen Produktiv-
faktoren.

TEIL II:
BELBIN MEDLEY

> *Wenn ich auf Tournee gehe, neh-me ich meistens alle mit: meine Mutter, meinen Vater, meine beiden Schwestern, ihre Ehemänner und ihre beiden Kinder. Und bis auf die Kinder besaufen sie sich alle bis zum Anschlag.*

Michael Bublé, Sänger

DAS ORCHESTERMODELL: SO KLINGT IHR TEAM

▶ »Was habe ich für ein Glück gehabt, dass mein erstes
eigenes Orchester gleich ein Spitzenensemble war!«
Riccardo Chailly, Dirigent

*Würde doch jedes Team zusammenspielen wie ein Spitzenorchester!
Leider wird in Teams oft mehr Lärm als Musik gemacht. Das habe
ich als Trainer und Berater immer wieder erlebt. Glücklicherweise
kann allen Teams geholfen werden. Das nützlichste Modell, das ich
dazu kenne, ist das Teamrollenmodell des englischen Psychologen und
Managementexperten Dr. Meredith Belbin. Seit ich es vor bald 25 Jahren entdeckt habe, arbeite ich begeistert damit. Ich bin zertifizierter
Belbin-Trainer und stehe in engem Kontakt mit der Belbin-Organisation hier in Holland. Das Modell von Meredith Belbin geht von acht
unterschiedlichen Teamrollen aus, die Teammitglieder aufgrund ihres
Charakters und ihrer bisherigen Erfahrungen mehr oder weniger gut
spielen.*

*Ein Nachteil des Belbin-Modells ist, dass es sehr wissenschaftlich
und abstrakt formuliert wurde. Insbesondere die Bezeichnungen für
die einzelnen Teamrollen sind verwirrend und wenig einprägsam.
Irgendwann saß ich mit meinem Kumpel, dem Musiker Franck van
der Heijden, beim Bier zusammen und wir hatten eine Idee, wie wir
das Belbin-Modell anschaulicher machen könnten: Wir überlegten
uns für jede Teamrolle ein Musikinstrument, das als Metapher genau
passt. So kam es zu dem Orchestermodell, das ich heute verwende.
Zwischenzeitlich haben wir eine Instrumentenshow entwickelt, mit
der ich das Modell live vor Publikum präsentiere. Und ich habe 2012
im* GABAL *Verlag ein erstes Buch über bessere Teamarbeit mit dem
Orchestermodell herausgebracht:* Macht Musik.

Auf den folgenden Seiten finden Sie das Wichtigste über das Belbin-Modell, wie ich es in meinem ersten Buch beschrieben habe. Wenn Sie mein erstes Buch kennen, können Sie Ihr Wissen schnell auffrischen. Wenn Sie es nicht kennen – das soll es geben! –, bekommen Sie hier alle Hintergrundinfos, um die restlichen Teile dieses Buchs noch besser verstehen und anwenden zu können. Los geht's!

Was sind Teamrollen und welche gibt es?

Teamrollen sind etwas anderes als funktionale oder hierarchische Rollen. Funktionale Rollen sind zum Beispiel Geschäftsführer, Assistent, Projektleiter oder Verkäufer. Es geht jeweils um die Funktion, den Aufgabenbereich in einer Organisation. Ob sich eine Person für eine funktionale Rolle eignet, hängt von ihren fachspezifischen Kenntnissen und Erfahrungen ab. Diese lassen sich objektiv ermitteln. Über die bevorzugten Teamrollen gibt dagegen kein Diplom, kein Arbeitszeugnis und kein Jobtitel Auskunft. So kann der »Tempomacher« – die »Trommel« – im Team der Geschäftsführer sein – oder einer seiner Mitarbeiter. Das ist völlig offen. Für eine bestimmte Teamrolle entscheiden sich Menschen laut Belbin aufgrund von Faktoren wie Persönlichkeit, Werten, Situation oder Erfahrung. Es kommt hier also, kurz gesagt, eher auf unseren Charakter als auf unsere Ausbildung und unseren Werdegang an.

Die bahnbrechende Erkenntnis von Dr. Meredith Belbin lautet: Für den Erfolg eines Teams kommt es mehr auf die richtige Mischung der charakterlichen Teamrollen an als auf alles andere. Das konnte Belbin in jahrzehntelangen wissenschaftlichen Experimenten mit Teams beweisen. Was die jeweils »richtige« Mischung ist, hängt von den Zielen eines Teams ab. Entscheidend ist, nicht allein funktionale Rollen zu besetzen, wie es die meisten Unternehmen bis heute tun. Sondern die jeweilige Teamrolle in den Vordergrund zu rücken. Belbin hat ursprünglich acht Teamrollen un-

Die »richtige« Mischung von Charakteren macht den Erfolg eines Teams aus.

terschieden. In meinem Orchestermodell sind das die folgenden Musikinstrumente:

- Der tüchtige Bass
- Die begeisternde Trompete
- Die energische Trommel
- Das vielseitige Klavier
- Die kreative Gitarre
- Die faktenorientierte Harfe
- Das planende Horn
- Die hilfsbereite Geige

In Track 5 finden Sie die wichtigsten charakteristischen Eigenschaften aller acht Instrumente im Überblick. Achtung: Das Teamrollenmodell ist kein Persönlichkeitsmodell! Sie »sind« nicht ein bestimmtes Instrument, sondern Sie spielen in unterschiedlichen Teams unterschiedliche Instrumente mehr oder weniger gut. In der Regel beherrscht jeder zwei bis drei Instrumente gut, drei bis vier Instrumente passabel und zwei bis drei Instrumente gar nicht gut. Durch Üben können Sie Ihre Fähigkeit auf allen Instrumenten – das heißt in sämtlichen Rollen im Team – verbessern!

MACHEN SIE DEN TEST!

Auf meiner Website www.richarddehoop.de finden Sie unter der Rubrik »Das Orchesterspiel« einen kostenlosen Test, mit dem Sie herausfinden können, was Ihre bevorzugten Teamrollen sind. Der Test besteht aus 48 Fragen. Sie erhalten die Auswertung gratis per E-Mail – dazu noch jede Menge Tipps für Ihre bevorzugten Teamrollen. Spielen Sie gerne Geige oder trommeln Sie lieber? Finden Sie es heraus!

Was unterscheidet Spitzenteams von übrigen Teams?

Spitzenteams unterscheiden sich von anderen Teams dadurch, dass die Teamrollen für das jeweilige Ziel perfekt besetzt sind. Jede Person spielt im Team exakt die Rolle, die ihrem Charakter, ihren Neigungen und ihren Talenten entspricht. Gleichzeitig sind sämtliche Teamrollen, die nötig sind, um ein bestimmtes Ziel zu erreichen, auch mit mindestens einer Person vertreten. Belbin konnte nachweisen, dass sogar ein Team aus mittelmäßig Begabten, bei dem die Rollen sehr gut besetzt sind, erfolgreicher ist als ein Team aus Hochbegabten. Es zeigte sich, dass sogenannte »Apollo-Teams«, die ausschließlich aus klugen Köpfen bestehen, sogar häufig scheitern, weil sie sich zum Beispiel gerne in Diskussionen über die beste Lösung verzetteln und zu wenig Teamdynamik entfalten.

Rollen für das jeweilige Ziel richtig besetzen

Ein Spitzenorchester kann viele verschiedene Stücke spielen. Das gilt auch für Spitzenteams. Jeder im Teamorchester ist dann Virtuose auf seinem Instrument. Jedes Teammitglied weiß, welche Rollen ihm am meisten liegen. In Spitzenteams darf jeder seine Lieblingsrolle spielen. Alle kennen den Wert ihres Beitrags. Sie wissen, dass es bei den Teamrollen kein Besser und Schlechter gibt. So wie kein Violinvirtuose einen Pianisten beneidet, so beneidet auch in Spitzenteams niemand einen anderen um seine Rolle. Spitzenteams sind krisenfest und geben so schnell nicht auf.

Wie ist Belbin gerade auf diese acht Rollen gekommen?

Vier psychische Grundkräfte

Das Modell von Meredith Belbin ist psychologisch fundiert. Die acht Rollen korrespondieren mit vier psychischen Grundkräften, die in jeder Gruppe von Menschen in jeweils aktiver oder reaktiver Ausprägung wirken. Diese Grundkräfte sind Tatkraft, Willenskraft, Denkkraft und Gefühlskraft. Daraus ergeben sich die folgenden acht möglichen Kombinationen:

- aktive Tatkraft (Bass)
- reaktive Tatkraft (Trompete)
- aktive Willenskraft (Trommel)
- reaktive Willenskraft (Klavier)
- aktive Denkkraft (Gitarre)
- reaktive Denkkraft (Harfe)
- aktive Gefühlskraft (Horn)
- reaktive Gefühlskraft (Geige)

Nehmen Sie zum Beispiel die Gitarre und die Harfe im Team. Beide bringen Denkkraft ins Spiel, jedoch auf unterschiedliche Weise. Die Gitarre als aktive Denkerin ist der kreative Kopf. Sie strebt ständig danach, Neues zu erschaffen: Designs, Produkte, Prozesse, was auch immer. Die Harfe dagegen analysiert mit ihrer Denkkraft viel lieber Bestehendes. Aktive Gitarre und reaktive Harfe können sich im Team sehr gut ergänzen: Dann produziert die Gitarre Ideen und die Harfe überprüft, ob diese Ideen Hand und Fuß haben. Für die Umsetzung von Ideen sind wieder andere Instrumente nötig. Da braucht es Willenskraft und Tatkraft.

Wie sehr sind Teammitglieder auf einzelne Instrumente festgelegt?

Es scheint durchaus so etwas wie das »geborene Klavier« oder den »typischen Bass« zu geben. Belbin fand heraus, dass manche Menschen immer wieder nach derselben Teamrolle streben. Persönlichkeitsmerkmale, Werte, äußere Bedingungen sowie positive oder negative Erfahrungen in Teams beeinflussen die Wahl der Teamrolle. In der Regel sind es jedoch mindestens zwei oder drei Teamrollen, die Menschen in Teams gerne einnehmen und gut ausfüllen. Hinzu kommt: Alles ist immer eine Momentaufnahme! Menschen verändern sich mit der Zeit und entwickeln sich weiter. Dadurch können sich auch die Präferenzen bei den Teamrollen verschieben.

Rollenpräferenz und Rollenwechsel sind normale Erscheinungen.

Eine große Chance für Teams liegt darin, dass Teammitglieder in bestimmten Situationen Teamrollen aktivieren, die sie bisher nicht oder zu wenig gespielt haben. Denn nicht immer kann ein Team um eine Person ergänzt werden, die genau die jetzt nötige Teamrolle spielt. Angenommen, in einem Projekt geht es viel zu langsam voran. Eine Trommel wäre gut, steht aber gerade nicht zur Verfügung. Dann ist die Frage: Wer im Team kann trommeln? Es könnten jetzt Teammitglieder die Rolle der Trommel übernehmen, bei denen das nur die dritt- oder viertstärkste Teamrolle ist. Aber weil dringend mehr Tempo gebraucht wird, kann und soll jemand die Rolle besetzen.

Wie genau hängen Charakter und Teamrolle zusammen?

In der Forschung von Meredith Belbin kristallisierten sich bestimmte Charaktermerkmale heraus, die einen besonders großen Einfluss auf die Wahl einer Teamrolle haben. Charakteristisch sind zum Beispiel zwei Gegensatzpaare. Erstens: Ist eine Person eher introvertiert oder eher extravertiert? Und zweitens: Ist eine Person eher angespannt oder entspannt? Ein stiller und in sich ruhender Mensch ist zum Beispiel von Natur aus gerne Bass. Dagegen dürfte sich ein Mensch, der ständig unter Strom steht, und dabei auch noch sehr extravertiert ist, als Trommel ziemlich wohl fühlen. So lassen sich schließlich alle acht Instrumente in einem Quadrantenmodell mit den beiden Achsen Introversion / Extraversion sowie Anspannung / Entspannung einordnen.

Genau in der Mitte steht die Harfe. Harfen sind faktenorientiert, kritisch und analytisch. Sie sind weder auffallend introvertiert oder extravertiert noch besonders angespannt oder entspannt. Mit ihrem Bemühen um Objektivität sind sie gewissermaßen neutral. Bei allen übrigen Instrumenten erkennen Sie in der Grafik, dass diese recht unterschiedlich angeordnet sind. Die Gitarre zum Beispiel wird im Team gerne von Menschen gespielt, die zwar eher introvertiert, jedoch weder auffallend angespannt oder entspannt sind. Das Klavier auf der anderen Seite ist eher extravertiert, weil es sich für die anderen Team-

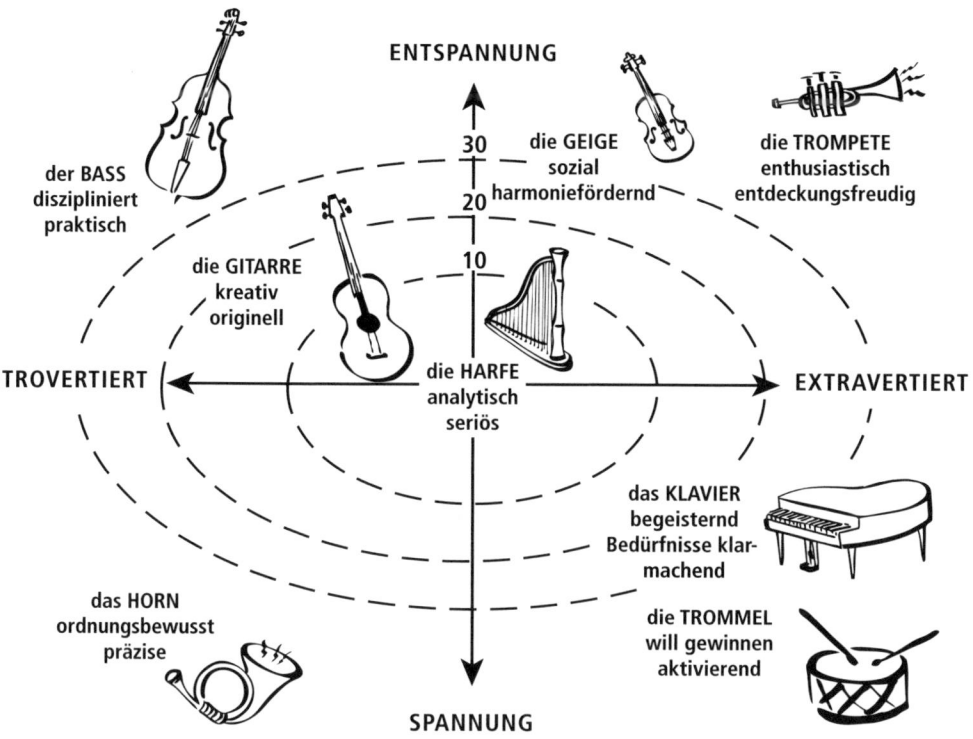

Abbildung: Quadrantenmodell sämtlicher Teamrollen

mitglieder und deren Talente interessiert. Willenskraft und Zielorientierung sorgen für Anspannung in dieser Teamrolle. Doch im Vergleich zur energischen Trommel ist es nur eine leichte Anspannung.

Was bedeutet Belbins Modell für Führungskräfte?

Als Meredith Belbin Ende der 1960er-Jahre mit seinen Forschungen begann, herrschte noch ein sehr traditionelles Verständnis von Führung. Seit Urzeiten waren Führungsansprüche mit dem Lebensalter verknüpft. Belbin bringt das Beispiel eines traditionellen Restaurants, wo früher der Oberkellner stets älter war als seine Kollegen und die Hilfskellner die Jüngsten waren. Neben dem Lebensalter war seit der Industrialisierung Bildung eine Voraussetzung für Führungspositionen. In den letzten Jahrzehnten sind Leistungsfähigkeit, Fitness, Durchsetzungsvermögen sowie kommunikatives Geschick als wünschenswerte Eigenschaften für Führungskräfte hinzugekommen.

Heute gibt es ein neues Verständnis von Führung. Belbin konnte mit seinen Forschungen nachweisen, dass weder die ältesten noch die gebildetsten noch die aggressivsten oder redseligsten Führungskräfte die besten Ergebnisse erzielen. Entscheidend für Führungskräfte ist vielmehr, die Stärken der anderen im Team zu erkennen und diese richtig einzusetzen. Führung bedeutet nach Belbin, dem gesamten Team die bestmöglichen gemeinsamen Resultate zu ermöglichen. Dazu müssen sämtliche Teammitglieder diejenigen Rollen einnehmen, die ihren Talenten am besten entsprechen. Durch Übung können sie sich in diesen Rollen bis zur Virtuosität weiterentwickeln. Alle auf Dauer erfolgreichen Führungskräfte, die Belbin beobachtete, hatten eine kooperative Grundeinstellung und waren sehr auf ihr Team bezogen. Sie wahrten lediglich ein Minimum an Distanz, das ihnen Autorität verlieh.

Was sind die Grundbedürfnisse heutiger Teammitglieder?

Die moderne Glücksforschung kennt vor allem drei grundlegende Bedürfnisse, die Menschen heute am Arbeitsplatz haben. Hier sind sie:

1. **Autonomie** – Menschen brauchen bei der Arbeit ein gewisses Maß an Freiheit. Diese Autonomie kann und muss nicht groß sein. Doch selbst bei einfachen Tätigkeiten suchen Menschen ihre Freiräume. Sie möchten etwas auf ihre Weise tun.
2. **Können** – Menschen sind motiviert, wenn eine Tätigkeit ihrem Können entspricht. Sie wollen das Gefühl, in etwas richtig gut zu sein. Im Idealfall können sie sich auf ihrem Gebiet bis zur Meisterschaft entwickeln. Auch unauffällige Tätigkeiten lassen sich meisterhaft erledigen.

3. **Sinn** – Die Tätigkeiten von Menschen sollten einen positiven Beitrag für die Gesellschaft leisten. Wir wollen einen Sinn erleben. Das muss nicht heißen, die Welt zu retten. Wichtig ist, den Zusammenhang zwischen der eigenen Arbeit und dem positiven Effekt bei einem anderen Menschen erkennen zu können.

Einfache Tätigkeiten können viel Freude machen – und komplizierte Aufgaben können frustrieren. Es kommt darauf an, ob die Grundbedürfnisse eines Menschen befriedigt werden. Wer die Freiheit genießt, Dinge auf seine Art machen zu dürfen, wer sich entwickeln kann und wer weiß, wem seine Arbeit nützt, der arbeitet auch gerne. Geld dagegen hat als alleiniger Anreiz ausgedient. *Anything for money* – dieses Prinzip gilt heute nicht mehr.

Warum ist Üben so wichtig?

Erst durch Übung wird jemand auf einem Instrument zum Virtuosen. Das gilt für Teams genauso wie in der Musik. Aus Teams werden Spitzenteams, wenn nicht nur jedes Teammitglied seine Rolle gefunden hat, sondern seine Fähigkeiten in dieser Teamrolle auch immer weiter ausbaut.

🔊 **Die Fähigkeiten in den Teamrollen sollen immer weiter verbessert werden.**

Die Fähigkeit, bestimmte Teamrollen auszufüllen, lässt sich kontinuierlich verbessern. Die Harfe im Team übt dann zum Beispiel auch außerhalb des Teams ihre Denkkraft. Und das Klavier wird zum Virtuosen, wenn es sich immer wieder mit dem Spektrum der Töne befasst, die andere Teammitglieder anschlagen. Es ist genau wie bei einem Orchester: Da gibt es nicht nur die Orchesterproben, sondern die Musiker üben auf ihrem Instrument auch jeweils zu Hause.

Die Mitglieder in Spitzenteams sind hoch flexibel. Sie kennen ihre zwei oder drei bevorzugten Teamrollen. Je nach Situation sind sie jedoch auch in der Lage, andere Teamrollen einzunehmen. Das klappt umso besser, je mehr sich jemand nicht nur mit seinen Lieblingsinstrumenten, sondern mit sämtlichen Möglichkeiten befasst hat. Ich ermutige deshalb Teammitglieder, neue Instrumente auszuprobieren. Oder in einer Teamrolle besser zu werden, die für jemanden bisher nur zu den machbaren, aber nicht zu den virtuosen Rollen zählt. Je mehr Teamrollen Sie beherrschen, desto bewusster nehmen Sie diese schließlich ein. Sie vermeiden, durch eine Gruppendynamik in Rollen gedrängt zu werden, die Ihnen eigentlich gar nicht liegen.

FACTS

Nicht von Belbin, trotzdem gut: Das Modell der Teameffektivität

Seit Jahren arbeite ich mit einem Modell, das Teams hilft, gemeinsam Erfolg zu haben. Es besteht aus lediglich vier Schritten, die das Team immer wieder in dieser Reihenfolge gehen kann:

1. Gemeinsame Ziele setzen
2. Erwartungen abstimmen
3. Prozesse definieren
4. Zwischenmenschliche Beziehungen klären

Das Modell der Teameffektivität ermöglicht es, ein Team in vier Schritten zu entwickeln. Bei Problemen lässt sich immer wieder auf der richtigen Ebene ansetzen. Wichtig ist dabei die richtige Reihenfolge: Immer erst über Ziele sprechen, dann über Erwartungen und danach über Prozesse. Gibt es auf der Ebene zwei oder vier ein Problem, dann wird es erst angegangen, wenn auf den übergeordneten Ebenen alles okay ist.

Zwischenmenschliche Beziehungen kommen zum Schluss. Teams verschwenden viel Energie, weil sie Probleme direkt auf der Beziehungsebene klären wollen. Doch solange es auf der Ebene der Ziele und der Erwartungen hapert, bringt bei Beziehungen selbst ein intensives Coaching wenig. Umgekehrt sorgen glasklare gemeinsame Ziele und Erwartungen sowie sauber abgestimmte Prozesse dafür, dass kleine menschliche Unstimmigkeiten das Ergebnis nicht negativ beeinflussen.

Wie ergänzen sich unterschiedliche Rollen im Team?

Wenn ein ganzes Orchester harmonisch zusammenspielt, ist das ein Erlebnis. Es gibt darüber hinaus jedoch auch einzelne Instrumente, die besonders gut miteinander harmonieren. Denken Sie zum Beispiel an das klassische Jazz-Trio aus Klavier, Trommel und Bass. Nat King Cole variierte dieses Jazz-Trio 1937 eher durch Zufall, als er auf einer sehr engen Bühne in einem Club die Trommel durch die Gitarre ersetzte. Das klang so gut, dass Cole danach jahrzehntelang mit dieser Besetzung Erfolg hatte. Auch im Team gibt es beides: das volle Teamorchester – und einzelne Instrumente, die sich besonders gut ergänzen.

Balance durch harmonische Zusammenarbeit

Die energische Trommel zum Beispiel kann ihre Führungsqualitäten besser entfalten, wenn sie ein ebenso willensstarkes, aber sanfteres Klavier an ihrer Seite hat. Denn wenn die Trommel übers Ziel hinausschießt und andere zu sehr unter Druck setzt, macht sie sich Feinde. Mit einem Klavier als Partner findet die Willenskraft der Trommel die richtige Balance. Auch die Geige ergänzt eine Trommel gut. Sie bringt Empathie und Diplomatie ins Spiel, wo die Trommel bloß schnell Ergebnisse sehen möchte. So bleibt die gute Stimmung im Team erhalten. Ein Bass wiederum ist gut beraten, sich im Team mit einer Trompete zu verbünden. Beide Instrumente stehen für Tatkraft. Der Bass legt bei seinen vielen Aktivitäten jedoch kaum Begeisterung an den Tag. Die Trompete an seiner Seite kann da für mehr Leichtigkeit und Fröhlichkeit sorgen.

REWIND

Teamrollen sind etwas anderes als funktionale Rollen. Sie sind abhängig von Faktoren wie Persönlichkeit, Werten, Situation oder Erfahrung.

Für den Erfolg eines Teams kommt es mehr auf die richtige Mischung der charakterlichen Teamrollen an als auf alles andere.

Spitzenteams unterscheiden sich von übrigen Teams dadurch, dass die Teamrollen für das jeweilige Ziel perfekt besetzt sind. Es gibt dabei einzelne Instrumente, die sich besonders gut ergänzen.

Die acht Teamrollen korrespondieren mit den vier psychischen Grundkräften Tatkraft, Willenskraft, Denkkraft und Gefühlskraft in jeweils aktiver oder reaktiver Ausprägung.

Eine große Chance für Teams liegt darin, dass Teammitglieder in bestimmten Situationen Teamrollen aktivieren, die sie bisher nicht oder zu wenig gespielt haben.

Alle acht Teamrollen lassen sich in einem Quadrantenmodell mit den beiden Achsen Introversion / Extraversion sowie Anspannung / Entspannung einordnen.

Führung bedeutet nach Belbin, dem gesamten Team die bestmöglichen gemeinsamen Resultate zu ermöglichen. Dazu ist es nötig, individuelle Stärken zu erkennen und zu fördern.

Die moderne Glücksforschung nennt für Menschen am Arbeitsplatz die drei grundlegenden Bedürfnisse Autonomie, Können und Sinn.

Aus Teams werden Spitzenteams, wenn nicht nur jedes Teammitglied seine Rolle gefunden hat, sondern seine Fähigkeiten in dieser Teamrolle auch stets weiter übt.

SCHNELLÜBERSICHT: ACHT INSTRUMENTE – ACHT TEAMROLLEN

»Ich war nie auf einer Musikschule, sondern habe einfach die Instrumente in die Hand genommen und sie so lange gespielt, bis ich es konnte.«
Mike Oldfield, »Multi-Instrumentalist« und Komponist

Hier finden Sie die Eigenschaften der acht Teamrollen des Orchestermodells in der Übersicht. Angegeben sind auch die original Bezeichnungen der Teamrollen von Meredith Belbin sowie die Übersetzungen des deutschsprachigen Belbin-Lizenznehmers.

Der Bass

Original Belbin (englisch)	Abkürzung	Belbin (deutsch)
Implementer	IMP	Umsetzer

Der Bass ist ein ruhiger Teamspieler. Er kann mit Verantwortung umgehen und besitzt ein starkes Pflichtgefühl. Man kann sich auf ihn verlassen. Er kann gut organisieren und kompensiert dadurch das Fehlen von Eigeninitiative. Er behält die Übersicht auch unter starkem Druck.

Der Bass in drei Adjektiven:
ruhig, praktisch, diszipliniert

Die Trompete

Original Belbin (englisch)	Abkürzung	Belbin (deutsch)
Resource Investigator	RI	Wegbereiter

Die Trompete verhält sich im Team extravertiert und pflegt den Umgang mit Menschen. Ihre Kraft liegt im Aufnehmen und Entdecken wertvoller Ideen. Die Trompete kann ihr Team begeistern und motivieren. Sie besitzt gute verbale Qualitäten, verbreitet Optimismus und wirkt stabilisierend.

Die Trompete in drei Adjektiven:
enthusiastisch, neugierig, unbekümmert

Die Trommel

Original Belbin (englisch)	Abkürzung	Belbin (deutsch)
Shaper	SH	Macher

Die Trommel macht Tempo im Team und treibt die anderen an. Sie legt viel Energie und Handlungsdrang an den Tag. Sie arbeitet am besten unter Stress. Immer will sie gewinnen und scheut dabei das Risiko nicht. Wenn sie richtig Druck macht, kann sie andere im Team einschüchtern.

Die Trommel in drei Adjektiven:
selbstbewusst, aktivierend, risikofreudig

Das Klavier

Original Belbin (englisch)	Abkürzung	Belbin (deutsch)
Coordinator	CO	Koordinator

Das Klavier im Team entdeckt und entwickelt die Stärken anderer. Es koordiniert, aktiviert und motiviert das Team. Klaviere kommunizieren Ziele und delegieren Aufgaben. Sie beherrschen ein breites Spektrum, bringen jedoch keine neuen Ideen ein. Dafür haben sie das Team in Griff und werden respektiert.

Das Klavier in drei Adjektiven:
ehrlich, ausgeglichen, zielorientiert

Die Gitarre

Original Belbin (englisch)	Abkürzung	Belbin (deutsch)
Plant	PL	Neuerer

Die Gitarre ist die Ideengeberin im Team. Sie ist ein kreativer Kopf und bricht gerne Regeln. Die mühsame Umsetzung von Plänen überlässt sie lieber anderen. Manchmal hat die Gitarre Probleme, dem Team ihre Gedanken zu erklären. Gewachsene Strukturen stellt sie mit Vorliebe infrage.

Die Gitarre in drei Adjektiven:
fantasievoll, unkonventionell, innovativ

Die Harfe

Original Belbin (englisch)	Abkürzung	Belbin (deutsch)
Monitor Evaluator	ME	Beobachter

Die Harfe ist die kritische Denkerin und Analytikerin im Team. Sie durchschaut die kompliziertesten Probleme. Eine Harfe ist vorsichtig, hält sich im Kollegenkreis gerne zurück und urteilt nur auf der Basis von Fakten. Strategie ist ihr Metier. Mit Entscheidungen lässt sie sich viel Zeit.

Die Harfe in drei Adjektiven:
sachlich, analytisch, überlegt

Das Horn

Original Belbin (englisch)	Abkürzung	Belbin (deutsch)
Completer Finisher	CF	Perfektionist

Das Horn ist ein Planer und Strippenzieher hinter den Kulissen. Hörner bringen Ordnung und Präzision ins Team. Sie legen Wert darauf, dass angefangene Dinge zu Ende gebracht werden. Was im Team los ist, sagt dem Horn sein untrügliches Bauchgefühl.

Das Horn in drei Adjektiven:
vorausschauend, präzise, intuitiv

Die Geige

Original Belbin (englisch)	Abkürzung	Belbin (deutsch)
Teamworker	TW	Teamarbeiter

Die Geige ist eine sozial eingestellte und kommunikative Mitspielerin im Team. Sie ist hilfsbereit, anpassungsfähig und sorgt für Harmonie. Eine Geige geht auf andere Menschen ein und hört ihnen zu. Sie ist eine gute Vermittlerin. Vor harten Entscheidungen und vor Konkurrenzkämpfen schreckt sie zurück.

Die Geige in drei Adjektiven:
kameradschaftlich, unterstützend, flexibel

TEIL III:
COMPANY JAM

> **"** *Das größte Verbrechen eines Musikers ist es, Noten zu spielen, statt Musik zu machen.* **"**

Isaac Stern, Geiger

DAS UNTERNEHMEN DER ZUKUNFT: VON KLASSIK ZU JAMMING

> »Wir haben einfach immer gejammt. Ich wusste
> überhaupt nicht, was ich da mache, aber ich habe
> immer Drums gespielt.«
> **Kyle Henderson, Indie-Rocker**

*Ich stand zwischen lauter Uniformierten – Angehörigen von Heer,
Marine, Luftwaffe und Gendarmerie – und musste leise schmunzeln.
Meine Show bei der niederländischen Armee war für mich wie eine
Zeitreise in die Vergangenheit. Das hat erstmal mit meiner Biografie
zu tun. Bei der Armee habe ich nämlich meine berufliche Laufbahn
begonnen. Damals, 1979, als es bei uns die Wehrpflicht noch gab,
herrschte hohe Arbeitslosigkeit. Wer sich für vier Jahre verpflichtete,
bekam einen guten Berufsstart ermöglicht. Nach dem Ausscheiden aus
der Armee gab es sogar noch ein Jahr weiter Gehalt.*

*Wie aus einer anderen Zeit wirkten auf mich auch all diese Uni-
formjacken, goldenen Streifen und Orden. Gerade die jüngeren Männer und Frauen sahen ein bisschen verkleidet aus. Schon komisch,
dachte ich: Sie tragen diese altmodischen Sachen, während sie gleichzeitig ganz neue Aufgaben haben. Sie sind Mitglied in internationalen
Teams, werden zu den Krisenherden dieser Welt geschickt, sollen mit
Angehörigen exotischer Armeen zusammenarbeiten und müssen sich
ständig in fremden Kulturen zurechtfinden.*

*Ein junger Kapitän der Marine kam nach meiner Show auf mich
zu und sagte lachend: »Jetzt weiß ich, dass ich nicht nur Trommel,
sondern auch Gitarre spiele. Bisher glaubte ich, in der Armee wird
nur getrommelt. Heute wurde mir klar: Wir müssen auch unorthodox
sein. Wir brauchen hier dringend neue Ideen!«*

Mögen Sie Klassik? Dann kennen Sie bestimmt auch diese traditionellen Rituale der klassischen Musik. Sie haben pünktlich zu Konzertbeginn zu erscheinen und Ihren reservierten Sitzplatz einzunehmen. Bei einem Sinfoniekonzert kommt zuerst das Orchester auf die Bühne. Da können Sie sich ruhig noch weiter mit dem Nachbarn unterhalten. Erst wenn die Musiker da sind, wird es mucksmäuschenstill. Jetzt wartet alles auf den Dirigenten, den Chef, den Maestro. Da kommt er – Applaus! Der Dirigent tritt ans Pult und wendet sich dem Orchester zu. Nun aber Ruhe im Saal! Applaudiert wird erst wieder am Schluss des Stücks. Bloß nicht zwischen den einzelnen Teilen! Dann outen Sie sich als Banause. Und bitte husten Sie nicht! Das ist das Allerschlimmste – noch schlimmer als zwischen den Sätzen zu applaudieren. Genießen Sie jetzt einfach gaaanz still die Musik! Es wird streng nach Noten gespielt, deshalb kann es sein, dass Sie nach einer langen Karriere als Abonnent jeden Ton dieses Stücks schon kennen. In dem Fall genießen Sie einfach die Interpretation des Dirigenten, die feinen Unterschiede zum letzten Mal! Denn auf den Dirigenten, den Chef, den Maestro, kommt es hier an. Er bestimmt, wie gespielt wird. Deshalb bekommt er auch (fast) den ganzen Applaus. Aber nicht vergessen: erst am Schluss des Stücks! Wenn Sie sich nicht sicher sind, ob das Stück schon zu Ende ist, klatschen Sie besser nicht.

Klassik hat ihre Rituale – so wie viele alte Organisationen.

Sie mögen keine Klassik? Dann finden Sie die Rituale der klassischen Musik vielleicht etwas steif. Und dann ist so ein Sinfoniekonzert vielleicht auch nicht das, was Sie sich unter einem amüsanten Abend vorstellen. Egal, wie Ihre persönlichen Vorlieben aussehen: So wie Unternehmen seit 200 Jahren organisiert sind – das ist auch so etwas wie Klassik! Auch da kam es bisher immer auf den Chef an. Alle Augen sind auf Big Boss gerichtet, so wie im Konzertsaal alle auf den Dirigenten starren. Das gilt selbst für so technologisch fortschrittliche Unternehmen wie Apple, wo der CEO Steve Jobs bis zu seinem Tod wie ein Guru verehrt wurde. Genau wie im Konzertsaal gibt es in den traditionellen Unternehmen auch mehr oder weniger strenge Dresscodes. Es kommt zwar keiner im Frack, aber bei den Banken und Versicherungen zum Beispiel erscheint man im dunklen Anzug.

Vor allen Dingen spielt die Musik in den traditionellen Unternehmen streng nach Noten! Sprich: Es gibt klar geregelte Abläufe, Rollen und Prozesse. Ebenso wenig, wie im klassischen Konzert der Oboist zwischendurch mal zum Horn oder zur Trommel greift, sind im traditionellen Unternehmen spontane Rollenwechsel vorgesehen. Es bekommt auch keiner mal so eben ein Solo zugestanden. Und genau wie in der klassischen Musik gibt es neben den offiziellen Prozessbeschreibungen und Regelwerken jede Menge Rituale, ungeschriebene Gesetze, Dos and Don'ts. Wer Karriere machen will, sollte sich damit mindestens so gut auskennen wie mit seiner Stellenbeschreibung.

In traditionellen Unternehmen wird nach Noten gespielt. Und der Boss gibt den Takt vor.

> *»Es kann passieren, dass ich etwas ganz Neues ausprobieren will, der Dirigent und das Orchester mich aber nicht verstehen. Dann kommt die Musik schnell aus dem Gleichgewicht und es dauert ein bisschen, bis man sich wieder geeinigt hat.«*
> **Hilary Hahn, Geigerin**

In der klassischen Musik ist seit einigen Jahren viel von »Krise« die Rede. Der Klassik fehlen die jungen Hörer, das Publikum wird immer älter. Bei den traditionellen Unternehmen ist es oft nicht viel anders. Ihnen fehlen die jungen Talente. Die Hochbegabten der »Generation Y« haben keine Lust auf zähe Prozesse und verstaubte Regeln. Sie suchen einen Arbeitgeber nach ihrem Geschmack. Bei der Arbeit will die jüngere Generation eine Sinnerfahrung machen und nicht nur irgendwie Geld verdienen. Hinzu kommen die neuen, disruptiven Unternehmen, die systematisch mit alten Regeln brechen. Sie halten sich nicht mehr an die Noten. Sie spielen keine Klassik. Nein, sie »jammen« – will heißen: Sie fangen mal irgendwo an, und im Zusammenspiel ergeben sich dann neue, kreative Ideen. So schaffen sie sich schließlich Organisationen um die Menschen herum – statt Menschen für das Funktionieren in Organisationen zu dressieren.

You're in the army now:
was Business und Armee verbindet

Ist Ihnen mal aufgefallen, wie häufig Leute im Business militärische Metaphern verwenden? Da steht der Vertrieb an der »Verkaufsfront«, das Controlling meldet eine gut gefüllte »Kriegskasse«, im Management wird eine neue »Strategie« entwickelt – manchmal auch bloß eine »Taktik« – und der Chef ist im Idealfall ein echter »Siegertyp«, der es geschafft hat, seine »Truppen« hinter sich zu bringen. Pech nur, wenn man zum Beispiel einen »Patentkrieg« verliert. Dann muss man womöglich aus einem Markt »den Rückzug antreten«. Diese martialische Sprache ist womöglich gar kein Zufall. Militärische Organisationen gibt es nämlich schon ein paar Tausend Jahre länger als Businessorganisationen.

Eine gut geölte Militärmaschinerie für das Business In der römischen Armee waren vor 2000 Jahren schon über 150 000 Mann organisiert, während die Wirtschaft gleichzeitig noch auf Landwirtschaft und kleinen Handwerks- und Handelsbetrieben fußte. Kein Wunder, dass man sich nach der Industriellen Revolution auf die lange Erfahrung im Militär besann, als es galt, große Businessorganisationen mit Tausenden von Mitarbeitern zu bilden. Frederick Winslow Taylor, der Organisationsguru des frühen 20. Jahrhunderts, propagierte fürs Business so etwas wie eine gut geölte Militärmaschinerie. Einer der Grundsätze Taylors lautete, dass ein Arbeiter nie die größeren Zusammenhänge seiner Aufgabe kennen sollte. Motto: Befehl ist Befehl! Auch war Kommunikation nur »von oben nach unten« vorgesehen. Feedback von unten galt als Störung des Betriebsablaufs.

Da unsere Businessorganisationen vom Militär abstammen, finde ich es spannend zu beobachten, was sich im Moment gerade bei der Armee tut. Ich meine bei der *richtigen* Armee! Wie ergeht es sozusagen dem Original im Vergleich zur Kopie? Zunächst fällt mir da auf, dass die Herausforderungen bei der Armee und im Business heute manchmal ziemlich ähnlich sind. Hier wie dort werden die Aufgaben immer komplexer. Hightech hat überall Einzug gehalten. Die jeweiligen Organisationen müssen so aussehen, dass sie sich schnell und flexibel auf neue Situationen einstellen können. Überall wird es immer internationaler und kulturell vielfältiger. Als ich bei der Armee war, hatten wir in Westeuropa noch ein klares Feindbild: die Sowjetunion und den Warschauer Pakt. Das gibt es heute nicht mehr. Dafür existieren auf der ganzen Welt Konfliktherde. Unsere Armeen sind immer weniger dazu da, einen Angriff auf unsere Länder und ihre Verbündeten abzuwehren. Vielmehr sollen sie auf der ganzen Welt Frieden schaffen, Frieden sichern, Konflikte entschärfen und für Sicherheit sorgen.

> *»Business ist kein Krieg und es ist auch kein Null-summenspiel. Wenn ein Unternehmen Geld verdient für seine Anteilseigner, hat es Erfolg. Es muss nicht auch noch seine Wettbewerber vernichten.*
>
> **Bill Snyder, US-Kolumnist**

Unsere holländische Marine zum Beispiel hat gerade häufig mit Piraten zu tun und schützt niederländische Handelsschiffe vor Afrika und in anderen gefährlichen Gewässern. Früher wäre die Marine auf solche Einsätze überhaupt nicht vorbereitet gewesen. Da galt es, russische U-Boote zu beobachten und im Ernstfall ausschalten zu können. Noch größer sind die neuen Herausforderungen bei den Friedenseinsätzen in fremden Kulturen. Wenn da eine Armee von der Bevölkerung nicht als Unterstützer akzeptiert wird, kann die gesamte Mission scheitern. Also müssen die Armeeangehörigen heute kulturell sensibilisiert werden. In den Einsatzgebieten braucht es Sprachmittler und Verbindungsleute, um einen positiven Kontakt zur einheimischen Bevölkerung herzustellen. Wenn junge Europäer als Soldaten beispielsweise in islamische Länder kommen, kann daraus ein extremer Zusammenprall von Lebensgewohnheiten und Wertvorstellungen resultieren. Da kann sogar ein gut gemeintes Geschenk an ein paar Kinder missverstanden werden und dazu führen, dass die Kinder hart bestraft werden.

Herausforderungen, mit denen noch vor Kurzem niemand gerechnet hätte

Die Gespräche vor und nach meiner Show bei der Armee haben mir besonders deutlich gezeigt, welche Umbrüche viele Menschen gerade bei ihrer Arbeit erleben. In diesem Fall ist es eine extrem »klassische« und hierarchische Organisation, die sich enorm wandeln muss. Gleichzeitig möchte sie am liebsten ihre Traditionen bewahren: die Uniformen, die Marschmusik, die Rituale. Ich kann das verstehen, denn solche Dinge schweißen eine Gruppe auch auf einer tiefen emotionalen Ebene zusammen. Ähnlich wie im Fußball die Farben, die Fahnen und die Schals. Es wird spannend sein zu sehen, wie gut einer Armee – nicht nur in Holland, sondern auch anderswo in der westlichen Welt – dieser Spagat gelingen wird. Das Gleiche gilt für jene Businessorganisationen, die bis heute ähnlich hierarchisch und autoritär organisiert sind wie Armeen. Nehmen Sie beispielsweise nur die staatlichen Eisenbahnen in Europa, die ja mit den Armeen sogar die Uniformen gemeinsam haben. Wie können solche Organisationen weiter funktionieren in einer Welt, in der Hierarchie, Befehl und Kontrolle von immer weniger Menschen akzeptiert werden?

Wenn wir einmal einen Blick auf die Teamrollen werfen, dann gibt es in konservativen und hierarchischen Organisationen immer viele Bässe. Menschen in dieser Teamrolle sind sehr loyal, packen zu und beschweren sich auch nicht, wenn es mal unangenehm wird. Armeen sind teilweise regelrechte Bass-Orchester! Die ruhige Ernsthaftigkeit der vielen Bässe wird in klassischen Organisationen jetzt aber auch öfter zum Problem. Bässe reden nicht gerne über das, was sie tun. In einer Kommunikations- und Wissensgesellschaft, in der es darum geht, sich schnell auszutauschen und Wissen miteinander zu teilen, wirkt das als Bremse. Hier sind Trompeten, aber auch Geigen gefragt, weil sie sehr kommunikativ sind. Wenn es dann auch noch mehr kreative Gitarren gibt, können sich schließlich dringend benötigte neue Ideen durchsetzen.

Ain't nothing but a summer jam: neue Töne im Business

Ein paar Leute setzen sich zusammen. Sie nehmen ihre Musikinstrumente. Einer fängt an, irgendetwas zu spielen, was er gerade im Kopf hat. Da zupft er dann beispielsweise auf seiner Gitarre herum. Dann klinkt jemand anderes sich ein. Er greift die musikalische Idee auf und spielt mit. Nach und nach klinken sich alle ein und machen gemeinsam Musik. Das ist Jamming. In der populären Musik entstehen die meisten neuen Songs während solcher Jams. Dieses kreative Jamming hat zum Ziel, neue Stücke zu erfinden. Bei der Klassik entstehen neue Stücke hingegen durch Komposition. Meistens setzt sich der Komponist allein ans Klavier, denkt nach, probiert aus und schreibt dann Noten auf. Beim Jamming wird nicht komponiert, sondern experimentiert – und zwar gemeinsam, im Team.

Jamming als Kreativitätstechnik und als neue Umgangsform

Neben dem kreativen Jamming, um neue Stücke zu erfinden, gibt es auch die Jam-Performance. Solche Performances vor Publikum, auch Jam-Sessions genannt, sind vor allem typisch für den Jazz. Es wird nicht nach Noten gespielt, sondern sich abgesprochen und dann gemeinsam improvisiert. Damit kein Chaos entsteht, muss vorher die Basis geklärt werden. Das heißt zum Beispiel Tonart, Takt oder ungefähre Dauer der einzelnen Stücke. Typisch ist auch, dass jeder Musiker mit seinem Instrument sein Solo bekommt – und es dann frei gestaltet. Entscheidend für eine coole Jam-Performance sind für mich zwei Dinge: Erstens Vertrauen. Alle haben Vertrauen in die Fähigkeiten der anderen, die Musik im Fluss zu halten. Zweitens Spaß. Bei der Jam-Performance genießen sowohl die Musiker als auch das Publikum jeden Takt. Es gibt immer wieder musikalische Überraschungen – die sich ohne das Vertrauen kein Musiker trauen würde. Und noch etwas ist typisch für Jamming: die Abwesenheit von Neid. Jeder ist mal dran, jede außergewöhnliche Idee ist willkommen – und wird von den anderen enthusiastisch begrüßt.

Für mich ist Jamming eine treffende Metapher für das, was sich in Businessorganisationen zunehmend beobachten lässt. Und was die Teams der Zukunft noch viel stärker auszeichnen wird. Da ist einmal diese neue Form der Kreativität, die aus dem spontanen Zusammenspiel im Team erwächst. Kreativität ließ sich noch nie anordnen. Aber früher gab es viel mehr Regeln, nach denen neue Lösungen in Unternehmen gefunden wurden. Und es war oft von der funktionalen Rolle abhängig, ob jemand im Unternehmen überhaupt das »Recht« hatte, kreativ zu werden. Typisch für Konzerne waren und sind F&E-Abteilungen (Abteilungen für Forschung und Entwicklung), in denen sich Ingenieure oder andere Entwickler abschotten, um nach den festen Regeln ihres Fachs Innovationen zu kreieren. In Zukunft werden Innovationen immer mehr einfach aus der Praxis kommen. Jeder einzelne Mitarbeiter spricht ständig mit Kollegen, Kunden und Partnern, tauscht sich aus und hinterfragt gewohnte Wege. Jeder traut sich auch, einfach mal was zu probieren. Wenn es funktioniert, können sich andere dann einklinken – genau wie beim Jamming.

Jamming bedeutet auch im Unternehmen mehr als Kreativität. Der Businessalltag entwickelt sich ebenso von Klassik zu Jamming. Detaillierte Arbeitsanweisungen und starre Stellenbeschreibungen verlieren an Bedeutung. Stattdessen kommt es in virtuosen Teams auf Zeit immer mehr darauf an, 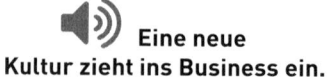 **Eine neue Kultur zieht ins Business ein.** sich schnell über eine tragfähige Basis abzustimmen und dann gekonnt zu improvisieren. Zu improvisieren heißt in Zukunft nicht mehr, etwas zu retten, was schon halb schiefgegangen ist, oder schnell die zweitbeste Lösung zu finden. Vielmehr heißt Improvisation schnelles, kreatives Zusammenspiel, genau wie im Jazz. Und genau wie bei jeder Jam-Session ist hier Vertrauen der wichtigste Schlüssel. Mitarbeiter, die sich aufeinander verlassen können, sind in der Lage, im positiven und kreativen Sinne zu improvisieren.

Von Klassik zu Jamming – das bedeutet langfristig auch eine neue Kultur in vielen Organisationen. Die Start-ups haben vorgemacht, wie man Hierarchien beseitigt, Bürokratie schon im Ansatz vermeidet und den einzelnen Mitarbeitern Entscheidungsspielräume zugesteht, die früher nicht denkbar waren. Heute ist die alte Businesswelt noch sehr lebendig, während die neue schon Einzug gehalten hat. Das führt oft zu paradoxen Situationen. So will man dann beispielsweise Teamarbeit fördern, die Belohnungen aber weiter individuell festlegen. Das passt nicht zusammen. In einem echten Team müssen für den Teamerfolg auch alle gleich entlohnt werden.

Ein anderes Beispiel sind die ständigen Beurteilungen, die Business heute oft zum Kampfplatz machen. Mitarbeiter kämpfen um gute Beurteilungen durch ihre Vorgesetzen, Niederlassungen kämpfen um bestmögliche Kundenbewertungen, um von der Zentrale entsprechende Boni zu erhalten, und so weiter. Dieses ständige gegenseitige Bewerten führt jedoch weder zu kreativen Lösungen noch beschleunigt es die Abläufe. Eher steigert es das Misstrauen, wenn jeder sich ständig überlegen muss, wie eine bestimmte Initiative sich auf seine Bewertung auswirken könnte. Erst recht, wenn Gehälter oder Sonderzahlungen an Bewertungen gekoppelt sind. Deshalb ist es auch keine Lösung, Mitarbeiter jetzt auch noch ihre Vorgesetzten bewerten zu lassen, wie es einige Unternehmen eingeführt haben.

Jamming ist anders. Beim Jamming braucht niemand ein größeres Büro als der andere. Eher werden sich die Teams der Zukunft fragen, was für eine bestimmte Aufgabe die jeweils beste Arbeitsumgebung ist. Und die Arbeitsumgebungen dann entsprechend wechseln. Schon heute gibt es Unternehmen, in denen Teammitglieder sich von Tag zu Tag die passende Arbeitsumgebung suchen können. Das kann ein großer, offener Bereich sein, in dem man sich schnell mit allen möglichen anderen Mitarbeitern abstimmen kann. Das kann aber auch ein kleines Einzelbüro sein, in das sich ein Mitarbeiter für zwei Stunden zurückzieht, um ungestört eine Präsentation auszuarbeiten. Teams, die jammen, statt nach Noten zu spielen, brauchen niemanden, der autoritär über die Entlohnung der Mitarbeiter entscheidet. Allerdings gibt es bisher noch sehr wenige alternative Modelle zur Festsetzung von Gehältern. Eines wird von dem kalifornischen Lebensmittelhersteller *Morning Star* schon seit Jahren praktiziert. Hier entscheidet eine von den Mitarbeitern gewählte Kommission über die Höhe der Gehälter.

We built this city on rock 'n' roll:
Eine Baufirma jammt, statt zu jammern

»Werden wir Holländer die Griechen des Immobilienmarkts?«, fragte
Dirk Brounen, Professor für Finanzen an der Uni Tilburg, in der über-
regionalen Tageszeitung *Trouw*. Das war vor ein paar Jahren. Wir hatten damals die höchsten Hypothekenschulden der Welt. Kurz darauf
platzte die Immobilienblase. Schilder mit »Te Koop« (zu verkaufen)
standen überall an den Häusern. Das deutsche Magazin *Stern* schrieb:
»Das einst in gut gemeinter Absicht eingeführte System aus hoch sub-
ventioniertem Sozialbau und öffentlich gefördertem Wohneigentum
ist zum Bumerang für Staat und Bürger geworden. Überschuldete Ei-
genheimbesitzer, Zwangsversteigerungen von Immobilien, Verkäufe
mit hohen Verlusten und Banken, die der Steuerzahler retten muss
– was nach Spanien klingt und die USA schon durchlitten, spielt sich
neuerdings zwischen Groningen und Eindhoven ab.« Eine ganz schön
vertrackte Situation!

Was machen Baufirmen, wenn die Bauherren reihenweise pleitege-
hen, Häuser massenhaft leer stehen und plötzlich keiner mehr bauen
will? Ja, wenn auf einmal sogar jeder zweite Architekt aufgeben
muss? Bauunternehmer hätten da echt gute Gründe, ihren Laden
einfach dicht zu machen. Oder sie könnten sich – wie die Banken –
an den Staat wenden und um finanzielle Hilfe bitten. Ein Bauunternehmen aus der Provinz Limburg hat es anders gemacht.
Diese Firma hat gejammt! Und das sogar ganz offi-
ziell: Das Bauunternehmen veranstaltete einen
Future Jam, um auf Ideen zu kommen, wie man
wieder Geld verdienen und die Immobilienkrise
überstehen könnte. Ich kannte diese Firma schon
lange vor der Jam-Session. Bereits unsere frühere
Trainingsfirma *Cat Consultants*, die Sie vielleicht aus meinem ersten
Buch *Macht Musik* kennen, hatte hier mit den Teams gearbeitet. Doch
früher hatte die Baufirma auch hohe Gewinne erzielt. Es ist meistens leichter, experimentierfreudig zu sein, wenn es einem finanziell
gut geht. Und es gehört oft mehr Mut dazu, mitten in der Krise zu
jammen.

**🔊 Kreatives
»Spinnen« mitten in der Krise –
dazu gehört heute noch Mut.**

Der *Future Jam* der Baufirma dauerte einen kompletten Tag. Eingeladen hatte das Managementteam ungefähr 20 Leute. Darunter waren keine eigenen Mitarbeiter. Auch keine Experten aus der Baubranche. Das Ziel war vielmehr, gemeinsam mit Kunden sowie Spezialisten aus anderen Branchen auf Ideen zu kommen, welche Geschäftschancen ein Bauunternehmen ergänzend zu seinem traditionellen Kerngeschäft noch haben könnte. Darüber diskutierten unter anderem der CEO einer Bank oder die Leiterin einer Altenpflegeeinrichtung mit den Managern der Baufirma. Letztere beschränkten sich weitgehend darauf, zuzuhören und Fragen zu stellen. Die Fragen lauteten zum Beispiel: Was hat alles mit Bauen zu tun? Oder: Was könnte eine Baufirma noch alles anbieten, sobald ein Gebäude fertig ist?

Future Jam: ein Tag, 20 Teilnehmer, keine Branchen-Insider

Herausgekommen sind bei dem Jam unter anderem viele Ideen für Dienstleistungen, die von der Baufirma im fertigen Baubestand erbracht werden könnten. Die Ideen wurden gesammelt und sorgfältig protokolliert. Nach diesem kreativen Jamming ging es dann sofort weiter mit Team-Jamming. Wie konnte die Baufirma möglichst schnell möglichst viele der Ideen umsetzen? Auch das funktionierte ganz ähnlich wie beim Jamming in der Musik. Nämlich indem viele Mitarbeiter sich jeweils um kleine Ideen kümmerten und mit der Umsetzung einfach mal anfingen. Bei Erfolg klinkten sich dann andere Mitarbeiter ein und machten mit. Nach nur einem Monat rief der CEO der Baufirma mich an und berichtete stolz, wie viele der neuen Ideen man in der kurzen Zeit schon umgesetzt habe.

FEEL THE BEAT

Haben Sie Lust bekommen auf einen Ideen-Jam in Ihrem Unternehmen? Dann holen Sie sich am besten einen externen Moderator dazu! Vermeiden Sie es, dass alteingesessene Mitarbeiter und Fachleute die Gruppe dominieren! Fragen Sie Kunden und Branchenfremde! Stellen Sie nach dem Jam sicher, dass neue Ideen zügig umgesetzt werden!

Nun können Sie sagen: Das alles ist doch noch lange keine Business-revolution. Stimmt! Doch auf diese ersten Experimente kommt es jetzt an. Wir müssen Dinge ausprobieren und dann sehen, was passiert. Ich rate niemandem jederzeit zu vollem Risiko. Tatsache ist aber, dass viele kleine Experimente irgendwann in eine große Veränderung münden. Und Tatsache ist auch, dass immer mehr Vorreiter mit Jamming statt Klassik Erfolg haben. Beispielsweise die bereits erwähnte kalifornische Lebensmittelfirma *Morning Star*.

Das ist ein Unternehmen mit 400 Mitarbeitern und 700 Millionen US-Dollar Umsatz, in dem es überhaupt keine Hierarchien mehr gibt. Alle Mitarbeiter sind gleichgestellt, niemand hat einen Vorgesetzen. *Morning Star* hat eine gewisse Bekanntheit erlangt, seitdem der Managementguru Gary Hamel über die Firma geschrieben und sie als leuchtendes Beispiel für die Zukunft hingestellt hat. Hier managen die Teams sich selbst, ganz ohne Big Boss. Die Schweizer *Handelszeitung* beschreibt das Prinzip von *Morning Star* so: »Jeder Angestellte handelt mit seinen Kollegen einmal pro Jahr einen Vertrag aus. Darin steht ganz genau, was er oder sie in den kommenden 12 Monaten tun wird, mit allen Kennzahlen. Dieses Netz von Verträgen überzieht die Firma und ersetzt die Kontrolle von oben.« So ähnlich haben wir es übrigens bei unserer früheren Beratungsfirma *Cat Consultants* auch gemacht. Wir haben uns zu 15 Leuten am Jahresende zusammengesetzt und ausgehandelt, was jeder Einzelne im folgenden Jahr beitragen will: Wie viel Umsatz? Welche Projekte und Kunden? Wie viel Auszeit? So waren dann die Erwartungen geklärt.

Werden sämtliche Unternehmen in Zukunft so funktionieren? Ich weiß es nicht, aber das ist eher unwahrscheinlich. Genauso, wie es immer noch klassische Musik und klassische Orchester gibt, wird es wahrscheinlich noch sehr lange klassische Unternehmen geben. Es kann sogar in bestimmten Branchen so sein, dass es ohne gewisse Hierarchien nicht funktioniert. Jedenfalls misstraue ich Businessgurus, die sagen: Die Zukunft wird so und nicht so. Ich glaube eher, dass wir vieles gleichzeitig erleben werden: Altes und ganz Neues

🔊 **Wie wird die Zukunft aussehen? Wahrscheinlich ziemlich unübersichtlich.**

und viele Mischformen. Selbst in der klassischen Musik tut sich ja was. Im Radio werden zum Beispiel heute auch einzelne Teile von klassischen Stücken gespielt, was früher undenkbar war.

Selbst das einst so konservative Klassik-Label *Deutsche Grammophon* rief vor einigen Jahren die Reihe *Yellow Lounge* ins Leben. Das sind Veranstaltungen in Clubs, bei denen DJs klassische Musik auflegen. Im Dezember 2004 legte kein Geringerer als Neil Tennant von den *Pet Shop Boys* im angesagten Berliner Club *Cookies* klassische Stücke auf. Und der Electro-DJ Matthew Herbert präsentierte 2010 bei einer *Yellow Lounge* im Rahmen der Messe *Popkomm* sein *Mahler X Recomposed Project*. Das ist nicht Jamming statt Klassik, das ist Jamming *mit* Klassik!

REWIND

Wir erleben gerade eine Entwicklung von autoritären und hierarchischen zu teamorientierten, kreativen und flexiblen Unternehmen.

Jamming im Unternehmen ist sowohl eine Möglichkeit, neue Ideen zu entwickeln, als auch ein neuer Umgangsstil im Tagesgeschäft, der mehr mit Improvisation zu tun hat.

Improvisieren bedeutet nicht mehr, Fehler zu kompensieren oder zweitbeste Lösungen umzusetzen. Improvisation auf der Basis von Vertrauen ist vielmehr ein Merkmal flexibler und agiler Teams.

ENDLICH ZEIT FÜR TALENTE

»In Zukunft sollte nicht ein einziges Kind oder ein einziger Teenager von der Musik ausgeschlossen sein ... Das Alltagsleben sollte sich in Musik ausdrücken.«

José Antonio Abreu, Gründer des Musikprojekts *El Sistema*

Ich war acht Jahre alt und ging in die 3. Klasse der Grundschule, da kamen meine Eltern von einem Elternabend nach Hause und waren stinksauer auf mich. Meine Klassenlehrerin, eine sehr strenge Pädagogin, hatte sich über den kleinen Richard so richtig aufgeregt. »Der kann nicht eine Minute still sitzen, tobt immer im Klassenzimmer herum«, hatte sie meinen Eltern gesagt. »Rechnen kann er überhaupt nicht und seine Handschrift ist ein Desaster«, hieß es. Dann hatte die Lehrerin noch eins draufgesetzt: »Außerdem verprügelt er ständig andere Kinder.« Ich und prügeln? Später stellte sich heraus, dass sie mich da mit einem anderen Schüler verwechselt hatte! Doch das half mir dann auch nicht mehr. Meine Eltern waren kurz davor, mich auf ein strenges Internat zu schicken.

Im folgenden Jahr bekam ich einen neuen Klassenlehrer. Der machte sich überhaupt keine Sorgen um mich. Meinen Eltern sagte er: »Richard ist sehr sportlich, aufgeweckt und lebendig, der kann nicht stundenlang still sitzen. Also lasse ich ihn ab und zu mal durchs Klassenzimmer robben. Dann beruhigt er sich und macht wieder gut mit.« Jetzt dachten meine Eltern nicht mehr an ein Internat. Die Welt war für sie wieder in Ordnung.

Dieses Erlebnis aus meiner Kindheit hat mich bis heute geprägt. Auch unter Erwachsenen gilt: Was sehe ich in anderen? Sehe ich Fehler oder sehe ich Stärken? Glaube ich, die anderen müssten sich meinen Regeln anpassen? Oder schaffe ich eine Umgebung, in der die anderen das leben können, was sie besonders macht? Ich sage: Ein Talent ist nur dann ein Talent, wenn ein anderer es sieht! In der neuen Welt der Wirtschaft werden wir die Perspektive wechseln. In den Teams der Zukunft stehen die Talente an erster Stelle. Endlich!

Unser Schulsystem belohnt immer noch am meisten diejenigen, die still sitzen, zuhören, auswendig lernen und sich dabei unauffällig den Regeln unterwerfen. Die Schule gibt analytischen Menschen eindeutig den Vorzug vor kreativen Menschen. Es gibt Ausnahmen, keine Frage. Doch im Großen und Ganzen ist das so. Die Schule belohnt die Angepassten und bestraft die kreativen Unruhestifter. Wenn ich mich in den Unternehmen umsehe, wo die Schüler von gestern heute als Erwachsene arbeiten, dann bietet sich mir ein ganz ähnliches Bild. Disruptive Unternehmen, die unbequeme, aber hoch kreative Mitarbeiter wollen, sind immer noch die absolute Ausnahme. In den meisten Firmen wird Anpassung belohnt, genau wie in der Schule. Was will der Dirigent? So hat das Orchester zu spielen!

Wo Anpassung belohnt wird, bleiben Talente oft unentdeckt.

Das Problem dabei ist, dass Talente unbemerkt und somit ungenutzt bleiben. Nur ein Talent, das gesehen wird, ja das gefördert wird, kann sich richtig entfalten. Wenn es nach meiner strengen Klassenlehrerin gegangen wäre, hätte ich zu so gut wie nichts irgendein Talent gehabt. Eine komische Vorstellung, wenn ich mir ansehe, was ich in meiner späteren Karriere schon so alles gemacht habe – von der Musik und den Sport über Trainings und Firmengründungen bis hin zur Beratung führender Unternehmen in Holland. Talente zu erkennen setzt voraus, sich niemals selbst zum Maßstab zu machen. Das gilt in der Schule wie im Business. Nur wer die Andersartigkeit von Begabungen sieht und anerkennt, schafft ein Umfeld, in dem alle sich gleich gut entfalten können.

Take a look at me now: der neue Blick für Talente

Traditionelle Unternehmen sehen Talente oft nicht. Das ist keine böse Absicht. Die Verantwortlichen haben einfach eine andere Brille auf, sie betrachten ihre Mitarbeiter durch einen bestimmten Filter. Dieser Filter lässt sich so beschreiben: Passend für eine Aufgabe oder nicht passend? So werden Mitarbeiter heute meistens beurteilt. Es existiert eine bestimmte, fixe Vorstellung von einer Aufgabe, die zu erledigen ist. Und es herrscht die Überzeugung, dass jemand ganz bestimmte Ausbildungen, Erfahrungen und Persönlichkeitsmerkmale haben muss, um einer Aufgabe gewachsen zu sein. So macht sich eine Firma dann also auf die Suche nach Leuten, die zu einer Aufgabe passen. Beim Recruiting gibt es dazu oft eine formelle Stellenbeschreibung, in der das Anforderungsprofil für einen Job genau festgelegt ist.

Wenn es um die funktionalen Rollen geht, können Stellenausschreibungen hilfreich sein.

So funktioniert auch Klassik. Die Noten stehen ebenso fest wie die Anzahl der Instrumente. Nun werden Musiker gesucht, die ein bestimmtes Instrument so beherrschen, dass sie damit genau die Noten spielen können, die der Komponist vorgegeben hat. Der Dirigent sorgt dafür, dass alle im Takt sind und niemand aus der Reihe tanzt. In der Klassik steht nun mal das Werk im Mittelpunkt – die Musiker richten sich danach und können das Werk allenfalls neu interpretieren. Klassik im Unternehmen geht bei Neueinstellungen ja auch in Ordnung. Wenn es um die funktionalen Rollen geht, können Stellenausschreibungen hilfreich sein. Was nicht heißt, dass Unternehmen immer welche brauchen! Dennoch gibt es im Moment keinen Grund, sie komplett abzuschaffen.

Je mehr es allerdings um echte Teams geht, desto mehr geht es in Zukunft von Klassik zu Jamming. Das heißt von starren Aufgabenbeschreibungen zum offenen Experimentieren. Echte Teams bestehen aus wenigen Personen, die wirklich intensiv zusammenarbeiten. Und da ist Jamming angesagt. Beim Jamming stehen die Musiker im Mittelpunkt! Sie erschaffen gemeinsam erst das Werk. Die Teams der Zukunft brauchen deshalb Talente – und nicht Mitarbeiter, die bestimmten Aufgabenbeschreibungen gerecht werden. Die Unternehmen der Zukunft schaffen Umgebungen um ihre Talente herum. Durch das Jamming – die gemeinsame kreative Arbeit im Team – entstehen überhaupt erst die Anforderungen an die Umgebung. Das heißt, die Arbeitsumgebung passt sich immer wieder neuen Talenten und ihrem Zusammenspiel an.

FEEL THE BEAT

Fragen wie diese helfen Ihnen, Talent zu entdecken – bei sich selbst und bei anderen: Was können Sie wirklich gut? Was macht Ihnen Freude und lässt Sie die Zeit vergessen? Wofür haben Sie schon einmal ein großes Kompliment bekommen? Wofür werden Sie von anderen Menschen gelobt? Wobei lassen andere sich am liebsten von Ihnen helfen?

Die Zusammenstellung der Teams der Zukunft wird anders aussehen, als wir es heute kennen. Talentierte Menschen werden in Teams kommen und erst einmal ausprobieren dürfen, wo sie am besten hinpassen. Das erfordert einen komplett anderen Blickwinkel. Die Frage lautet in Zukunft weniger: Ist Person X perfekt für Aufgabe Y? Sondern die Frage lautet: Wer ist die Person, welche Talente bringt sie mit ins Team – und wie passt beides zu den Talenten, die wir schon haben? Den Möglichkeiten sind zunächst einmal keine Grenzen gesetzt. Doch Achtung: Es gilt immer noch das Leistungsprinzip! Wer in einem Spitzenteam von Virtuosen seinen Platz finden will, muss dort einen überragenden Beitrag leisten können. Es geht nicht darum, sich die bequemste Aufgabe auszusuchen. Sondern darum, die eigenen Talente optimal zum Wohl des Ganzen einzusetzen. Um herauszufinden, was da am besten funktioniert, darf experimentiert werden!

Nun könnten Sie einwenden: Ist Teambuilding dann überhaupt noch möglich? Ich muss doch eine Vorstellung von einer geeigneten Person haben, wenn ich mein Team vergrößern will! Das stimmt. Doch bisher geht es meist allein nach funktionalen Rollen und kaum nach Team-rollen. Das Teambuilding der Zukunft schaut auf die Teamrollen: Wel-ches Instrument fehlt im Orchester? Brauchen wir einen Bass, weil zwar viel kreativ gesponnen, aber zu wenig umgesetzt wird? Oder benötigen wir umgekehrt eine Gitarre, weil es an neuen Ideen fehlt? Vielleicht fehlt auch eine Trommel, weil das Team nicht richtig im Takt ist und alles viel zu lange dauert? Schon Meredith Belbin konnte in seinen Forschungen nachweisen, dass die richtige Mischung der Teamrollen der entscheidende Faktor für den Erfolg von Spitzenteams ist. Formelle Qualifikationen oder der Zuschnitt bestimmter Aufga-benbereiche spielen demgegenüber eine untergeordnete Rolle.

DIE 10-PUNKTE-AGENDA
FÜR TALENTE-UNTERNEHMEN

Wie gehen die besten Unternehmen mit dem Thema Talente um? Sie stellen Menschen und ihre Talente in den Mittelpunkt. Die folgende 10-Punkte-Agenda ist ein Wegweiser für alle Unterneh-men, in denen endlich Zeit für Talente sein soll:

1. **Kreieren Sie auf allen Ebenen ein Umfeld, in dem Talente sich entwickeln und wachsen können.**

2. **Sorgen Sie dafür, dass das Top-Management beim Thema Talententwicklung vollständig involviert und engagiert ist. Das Thema Talente gehört nicht allein in die Personal-abteilung!**

3. **Stellen Sie sicher, dass alle, die neu ins Unternehmen kom-men, von Anfang an klare Erwartungen haben.**

4. **Schaffen Sie eine Organisation, die Zusammenarbeit sowie das Teilen von Kenntnissen und Ressourcen stimuliert.**

5. **Holen Sie bei sämtlichen Führungskräften ein klares Com-mitment für Talententwicklung und Förderung von Karrieren ein. Alle sind dafür mitverantwortlich, dass Menschen sich weiterentwickeln können!**

6. Verbinden Sie Talententwicklung mit den jeweiligen Business-Strategien. Richten Sie die Strategie nach den vorhandenen Talenten aus – und nicht umgekehrt.

7. Sorgen Sie für so viel Feedback wie möglich. Talentierte Mitarbeiter benötigen oft und aus verschiedenen Ecken Feedback, um sich schnell weiterzuentwickeln.

8. Sprechen Sie gerade junge Talente häufig auf ihre Entwicklung an. Sorgen Sie für ein Klima, in dem alle offen sowohl über ihre Erfolge als auch ihre Misserfolge sprechen können.

9. Sparen Sie nicht an der falschen Stelle. Sorgen Sie für genügend finanzielle Ressourcen, um Talententwicklung möglich zu machen.

10. Sorgen Sie dafür, dass jeder im Unternehmen hinter dem Konzept der Talententwicklung steht. Das geht zum Beispiel über regelmäßige gemeinsame Veranstaltungen.

Spitzenteams der Zukunft zeichnen sich durch den besonderen Blick für Talente aus. Sie fragen sich zunächst: Welches Instrument fehlt? Ist das fehlende Instrument gefunden, beginnt das Jamming, das vertrauensvolle Zusammenspiel im Team. Bei Jamming sollten die Teammitglieder, die länger dabei sind, dann sehr genau beobachten: Welche ganz besonderen, einmaligen Talente hat dieser Bass, diese Gitarre oder diese Trommel? Wie ist der Sound am besten? Gemeinsam entsteht dann eine neue Melodie. Jamming heißt, dass das gesamte Team sich verändert, wenn ein neues Teammitglied hinzukommt. Das neue Instrument muss sich nicht den bestehenden anpassen, sondern alle stimmen sich immer wieder neu aufeinander ein! So passt sich das Unternehmen der Zukunft seinen Talenten an – und nicht umgekehrt. Heute gibt es noch nicht allzu viele Unternehmen, die wirklich jammen. Dafür begegnet man Jamming manchmal bei Unternehmen, in denen es die wenigsten vermuten würden. Dazu die folgende Geschichte.

Runaway train:
mit Jamming die Weichen richtig stellen

Die niederländische Eisenbahn hat ein ähnlich bürokratisches Image wie die staatlichen Bahngesellschaften in den deutschsprachigen Ländern. Da dürfte es manchen überraschen, wie sehr hier das Top-Management bereits auf Jamming setzt, um Nachwuchsführungskräfte für das Unternehmen zu gewinnen. Zwei bis drei Mal im Jahr sucht das Unternehmen mit seinen rund 27 000 Mitarbeitern nach High-Potentials – jungen Akademikern um Mitte 20, die sich für eine Karriere im Management interessieren. Und da steht die Eisenbahn mit deutlich beliebteren Arbeitgebern in Konkurrenz um die besten Köpfe eines Jahrgangs.

Ein eher negatives Image kann kreativ und mutig machen.

Nach dem *Trendence Graduate Barometer 2013* heißen die drei beliebtesten Arbeitgeber bei holländischen Hochschulabsolventen *Rabobank*, *Ernst & Young* und *Heineken*. Auf den nächsten Plätzen folgt ein Who-is-who internationaler Konzerne, von *KPMG* und *Unilever* über *Adidas* und *Nike* bis hin zu *Google* und *Apple*. Die Eisenbahn taucht in den Top 100 gar nicht auf. Lediglich bei der Sonderbefragung unter Ingenieuren und IT-Spezialisten schafft sie es, sich zu platzieren – auf Rang 91. Keine Frage: Die Eisenbahn muss sich anstrengen, um für High-Potentials attraktiv zu bleiben. Das hat den Konzern kreativ und experimentierfreudig werden lassen. Statt im Überlebensmodus zu verharren, stellt die Bahn die Weichen neu.

Ein Talente-Jam beginnt bei der Eisenbahn ausschließlich online. Doch wer jetzt an die heute üblichen digitalen Bewerbungsformulare denkt, liegt falsch. Die Interessenten können sich vielmehr für ein Online-Spiel registrieren. Natürlich hat das Spiel einen realistischen Hintergrund: Es bildet reale Business-Cases ab, die von den registrierten Mitspielern bearbeitet werden. Die Moderatoren des Online-Spiels verschaffen sich dabei einen ersten Eindruck vom Verhalten der Spieler. Sie sind auf der Suche nach Talenten. Deshalb beobachten sie genau: Welche Spieler verhalten sich am geschicktesten? Wer verfolgt die kreativsten Lösungsansätze? Wer engagiert sich und bleibt konsequent dran? Wer ist ein Teamplayer und kann gut mit anderen kooperieren?

Für eine zweite Runde wird dann die Anzahl der Mitspieler reduziert. Jetzt sind nur noch diejenigen jungen Leute mit dabei, die in der ersten Runde mit besonderem Geschick überzeugt haben. Sie erhalten neue Business-Cases mit einem höheren Schwierigkeitsgrad. Am Ende der zweiten Online-Runde werden 60 Personen ausgewählt. Sie erhalten eine Einladung, für einen Tag in die Bahnzentrale in Utrecht zu kommen. Die meisten jungen Leute erwarten wahrscheinlich, dass es nach den ganzen Online-Spielen jetzt richtig ernst wird. Umso überraschter sind sie, wenn sie dann zum Auftakt erst mal meine Instrumentenshow geboten bekommen. Da kommt also so ein Typ wie ich und singt und springt und spielt Instrumente. Das sorgt nicht nur für lockere Stimmung, sondern hat auch eine klare Botschaft: Auf eure Talente kommt es an! Jeder spielt unterschiedliche Instrumente und hat unterschiedliche Talente – bei der Eisenbahn soll ein harmonisches Teamorchester daraus werden.

Am Mittag und am Nachmittag findet dann das eigentliche Assessment in Form von Rollenspielen statt. Hier erleben die jungen Leute die nächste Überraschung: Die Top-Manager, bis hin zu den Vorstandsmitgliedern, sind die **Es wird eine Menge geboten an realitätsnahen Szenarien und authentischen Fällen.** ganze Zeit dabei und spielen begeistert mit. Da kann es dann schon mal passieren, dass der CEO einen Bahnkunden mimt und ein junger Hochschulabsolvent die Policy der Bahn ihrem eigenen Boss erklären muss. Nicht nur in solchen Momenten ist der Tag für die jungen Teilnehmer spannend wie ein Thriller. Es wird eine Menge geboten an realitätsnahen Szenarien und authentischen Fällen. Bei alledem kommt der Humor nie zu kurz. Und eines ist besonders wichtig: Es gibt kein Richtig und Falsch, keine vorgegebenen Lösungen für die Business-Cases. Hier soll wirklich kreativ zusammengespielt werden. Neue Ideen sind erwünscht. Talente sollen sich präsentieren und entfalten. Das macht dieses Assessment zu einem echten Jamming!

Everything counts:
wenn die Talente im Mittelpunkt stehen

Seit 2013 präsentiert sich die Zentrale der niederländischen Eisenbahn in Utrecht in einem spektakulären neuen Gewand. Das Architektur-büro *NL architects* aus Amsterdam hat den 15-stöckigen Betonbau aus den 1970er-Jahren innen und außen vollständig umgestaltet. Ganze Wände und halbe Flure wurden herausgerissen, um vollkommen neue Umgebungen zu schaffen. Statt Büros gibt es flexible Work-Stations. Es existieren Bereiche mit schallisolierten Einzelarbeitsplätzen für Telefonate. Eine Reihe von *Colaborative Spaces* wurde geschaffen, in denen sich Teams spontan zusammenfinden können. Das alles ist dann auch vom Design her sehr cool gemacht. Es gibt *Signature Sculptures* auf jeder Etage und jede Menge Gegenstände aus der Welt der Eisenbahn, wie original Bahnhofsuhren oder Wartebänke von den Bahnsteigen.

Keine Frage, eine so tolle Umgebung würde vielen Leuten als Arbeitsplatz gut gefallen. Trotzdem warne ich davor, zu sehr an Architektur zu glauben. Ich finde sogar, dass Architektur und Design am Arbeitsplatz in letzter Zeit etwas überschätzt werden. Klar hat jeder lieber eine schöne Umgebung als eine schäbige. Wer es sich leisten kann, der soll stylische Bürogebäude bauen. Ich habe nichts dagegen. Doch die Gebäude und die Räume sind nicht das Entscheidende! Ich kenne Unternehmen, die sich von neuer Architektur eine neue Kultur versprochen haben und dann enttäuscht wurden. Offene Räume schaffen noch keine Offenheit im Kopf. Auf die Veränderung in den Köpfen kommt es jedoch an. Auch in altmodischen oder langweiligen Gebäuden arbeiten hoch innovative Spitzenteams.

Die Architektur ist nicht alles – auf die Veränderung in den Köpfen kommt es an.

Entscheidend ist, dass Menschen mit ihren Talenten gesehen werden. Und das geschieht noch zu wenig. Neulich war ich zu Besuch bei einem der großen europäischen Telekommunikationskonzerne. Über die Architektur kann sich hier keiner beschweren. Manche Gebäude dieses Konzerns stammen von Stararchitekten und stehen in Architekturführern. Doch was ich auf der zwischenmenschlichen Ebene beobachtet habe, hat mich ziemlich geschockt. Da spricht der CEO vor seinen Top-200-Konzernmanagern. Und was machen sie fast alle in der ersten Reihe? Sie spielen mit ihren Smartphones oder checken Mails auf ihren Tablets! Ich fühlte mich wie in der Politik, wo die Politiker einer Partei die Redner einer anderen Partei demonstrativ ignorieren – indem sie Zeitung lesen oder SMS schreiben, statt gemeinsam die Probleme zu lösen. Auch bei diesem Konzern war keine Spur von Gemeinsamkeit. Nach seiner Rede, die von den anderen Managern nur beiläufig zur Kenntnis genommen wurde, blieb der CEO noch ungefähr fünf Minuten im Saal und verschwand dann. Wozu, frage ich mich, braucht man ein Meeting der 200 bestbezahlten Leute in einem Konzern, wenn die einander nicht mal zuhören? Das ist doch absurd!

WAS IST EIN TALENT?

Für Sie persönlich ist es oft ganz normal, für die Außenwelt ist es oft ganz besonders, was Sie machen, wenn Sie Ihrem Talent entsprechend arbeiten. Es kostet Sie typischerweise wenig Mühe, macht Ihnen Spaß und lässt Sie die Zeit vergessen. Ein Talent ist nur ein Talent, wenn jemand anderes es wahrnimmt und anerkennt!

Ignoranz ist heute noch ein verbreitetes Problem. Ignoranz gegenüber dem anderen Teammitglied als Menschen und gegenüber seinen Talenten. Bevor es darum geht, neue Gebäude und Räume zu schaffen, geht es deshalb um etwas anderes. Es geht darum, hinzuschauen statt wegzuschauen. Es geht darum, die Talente der Menschen konsequent in den Mittelpunkt zu stellen. Wenn ich so etwas sage, dann nicken immer viele zustimmend – aber wer macht es? Talente sehen und entwickeln ist keine Raketenwissenschaft. Hinschauen, wahrnehmen und sich auf Menschen einlassen – das kann jeder. Er muss es nur wollen. Längst gibt es etliche Untersuchungen, die zeigen, dass talentorientierte Unternehmen bei fast allen relevanten Businesskriterien besser dastehen:

Talentorientierte Unternehmen …

- machen mehr Umsatz,
- produzieren höhere Qualität,
- entwickeln mehr neue Produkte und Dienstleistungen,
- haben höherer Margen und
- gewinnen mehr Marktanteile.

Der erste Schritt zu alledem ist eine andere Einstellung. Auf den Perspektivwechsel kommt es mehr an als auf alles andere. Nicht Menschen in eine Norm pressen wollen, sondern offen sein, experimentierfreudig und sich überraschen lassen, was alles in Menschen steckt. Diese Haltung ändert bereits enorm viel. Von Benjamin Zander, dem berühmten Musikpädagogen und langjährigen Leiter des *Boston Philharmonic Orchestra,* kenne ich eine beeindruckende kleine Geschichte. Zander, der auch Vorträge zum Thema Teamführung hält, beispielsweise vor dem Weltwirtschaftsforum in Davos, erzählt seinen neuen Schülern an der Hochschule zu Beginn eines Semesters stets das Gleiche. Er sagt: »Am Ende des Semesters bekommt ihr von mir alle eine Eins.« Die Studenten sind verwundert. Dann ergänzt Benjamin Zander: »Die einzige Bedingung ist, dass mir jeder Einzelne jetzt aufschreibt, warum er die beste Note verdient hat.« Das ist ein echter, mutiger Perspektivwechsel! Nicht auf die Bewertung durch den Lehrer kommt es an. Sondern darauf, dass der Lehrer es schafft, jedem einzelnen Schüler sein einmaliges Talent bewusst zu machen.

Sind deshalb die Lehrer für alles verantwortlich? Nein, das wäre ein Missverständnis. Lehrer und Schüler sind für die Entwicklung von Talenten gleichermaßen verantwortlich. Schüler, egal welche, müssen raus aus der Passivität und der Konsumhaltung und sich genau die Bildungsangebote abholen, die ihre Talente fördern. Genau das Gleiche gilt auch für das Verhältnis zwischen Unternehmen und Mitarbeitern. Unternehmen sollten die Perspektive wechseln und die Talente von Mitarbeitern in den Mittelpunkt stellen. Sie schaffen in Zukunft einen Kontext für Talente. Die Mitarbeiter haben jedoch ebenso viel Verantwortung.

🔊 **Unternehmen sind in der Verantwortung – Mitarbeiter aber auch!**

Mitarbeiter müssen sich in Zukunft aktiv den Kontext suchen, in dem ihre Talente gefragt sind. Heute gibt es viel zu viele Mitarbeiter in Unternehmen, die innerlich gekündigt haben oder in einer Konsumhaltung darauf warten, dass das Unternehmen ihnen Weiterbildungsangebote macht. Das wird sich in Zukunft ändern. Wer nicht optimal in ein Orchester passt, hat die Verantwortung, sich ein besseres Orchester zu suchen. Virtuosen kennen sich und ihre Talente sehr gut. Sie wissen, welche Mitspieler sie am liebsten hätten. Danach suchen sie sich ihre Orchester aus. Und sind dort dann auch willkommen.

Das Schöne dabei: Es ist jetzt im doppelten Sinn endlich Zeit für Talente. Erstens, weil es jetzt immer mehr auf Talente ankommt, weil ihre Zeit gekommen ist. Aus klassischen Unternehmen werden talentorientierte Unternehmen, die jammen. Und zweitens, weil Automatisierung und Informationstechnik so vieles im Arbeitsleben leichter machen. Nie war es so einfach, neues Wissen zu erlangen, nie gab es so viele technische Hilfsmittel, um Ideen umzusetzen. Das schenkt wertvolle Zeit. Zeit zum Üben, Zeit zum Entwickeln der eigenen Talente – bis zur Virtuosität.

REWIND

Nur ein Talent, das gesehen wird, ist ein Talent – und kann sich entfalten. Die Unternehmen der Zukunft schaffen einen Perspektivwechsel. Sie stellen Talente in den Mittelpunkt und leiten davon die Organisation ab.

Die Frage für das Teambuilding der Zukunft lautet: Wer ist eine Person, welche Talente bringt sie mit und wie passt beides zum bestehenden Team? Den Möglichkeiten sind zunächst keine Grenzen gesetzt. Experimente sind erlaubt und nötig.

Ein Unternehmen, das die Talente seiner Mitarbeiter in den Mittelpunkt rückt, nimmt den Mitarbeitern trotzdem nicht alle Verantwortung ab. Es gibt zwei Verantwortlichkeiten: für Unternehmen, den Kontext für Talente zu schaffen, und für Talente, sich passende Kontexte zu suchen!

ERWARTUNGEN UND MÖGLICHKEITEN: WAS KANN ICH, WAS KÖNNEN WIR?

▶ »Du willst, dass die Musiker gut miteinander
harmonieren. Dass man sich über alles einig wird.
Mit den Rolling Stones ist das ziemlich einfach. Wir
machen das jetzt schon so lange. Wir kommen schnell in die
Grooves rein, die wir bisher immer hatten.«
Mick Jagger, Rocklegende

*Der Topmanager Jos war so richtig abgestürzt. Burn-out. Er bat mich
um ein Coaching. Gemeinsam sahen wir uns an, wie es so weit kommen konnte. Jos ist ein Riesentalent. Ein kluger Typ, ambitioniert und
intelligent. In Teams spielt er am liebsten Harfe und Horn, bringt also
sowohl Denkkraft als auch Gefühlskraft ins Spiel. Doch Instrumente
für Tatkraft und Willenskraft beherrscht er auch. Eine ungewöhnlich
runde Kombination. Bis zu seinem Burn-out war Jos Mitglied im Managementteam einer mittelgroßen Elektronikfirma. Ein Job, der ihm
mal viel Spaß gemacht hat. Doch während der letzten zwei Jahre vor
seinem Burn-out konnte er nichts mehr genießen.*

*»Ich habe nur noch funktioniert«, erzählte mir Jos. »Wenn meine
Freundin mich kurz vor dem Heimweg anrief und sagte, sie hätte
noch Besuch, dann habe ich unterwegs das Auto geparkt und im Auto
weitergearbeitet, bis der Besuch weg war.« Jos arbeitete wie ein Be-
sessener. Aber er arbeitete alleine vor sich hin. Dadurch war er zwar
erfolgreich, aber nicht effektiv. Und er wurde immer unglücklicher.
Schließlich trennte sich auch noch seine Partnerin von ihm.*

*Ständig wollte Jos die Arbeit von anderen miterledigen. »Mein
Vorstandskollege Nils ist ein super Verhandler, er kann total gut im-*

provisieren«, berichtete Jos. »Doch ich habe ihm nicht mehr vertraut.
Ich wollte alles planen, alles auf meine Weise regeln.« Im Coaching
sah Jos plötzlich, was los war: Er hatte die Verbindung zu sich selbst
und zu den Menschen in seinem Umfeld verloren. Ohne diese doppelte
Verbindung kann das größte Talent sich nicht voll entfalten!

Stellen Sie sich vor, ein Musiker sitzt den ganzen Tag alleine zu Hause und übt sein Instrument. Er spielt Klavier oder Gitarre oder Geige. Stundenlang. Tag für Tag. Nur für sich allein. Was kommt dabei heraus? Nun, das wird am Ende ein passabler Techniker sein. Aber kein richtig guter Musiker. Und erst recht kein Virtuose! Der Weg vom Einsteiger über den Fortgeschrittenen bis hin zum Virtuosen ist nicht alleine zu schaffen. Haben Sie das

Ganz für sich allein wird niemand zum Virtuosen.

Zitat noch im Kopf, mit dem dieser Teil des Buchs überschrieben ist? »Das größte Verbrechen eines Musikers ist es, Noten zu spielen, statt Musik zu machen« – das hat der weltberühmte Geiger Isaac Stern (1920–2001) gesagt. Damit wollte er ausdrücken: Musik bedeutet so viel mehr, als ein Instrument zu beherrschen und Noten zu spielen. Das kann jeder auch für sich allein. Musik machen bedeutet, *mit* anderen und *für* andere zu spielen.

Wer immer nur alleine sein Instrument übt, der wird zwar technisch besser, aber er macht nicht wirklich Musik. Niemand hört zu. Niemand spielt mit. Und vor allem: Es gibt kein Feedback! Weder Applaus noch Kritik. Feedback braucht sogar der Solokünstler immer wieder. Selbst wer wie Murray Perahia oder Keith Jarrett alleine auf der Bühne am Klavier sitzt, braucht Feedback von Lehrern oder Kollegen, geht in Resonanz mit seinem Publikum und möchte schließlich Applaus hören. Nicht zufällig ist die wenigste Musik auf diesem Planeten für Solisten gedacht. Musik machen bedeutet fast immer: einander zuhören, sich aufeinander abstimmen und dann zusammen spielen. Dazu muss jeder Musiker wissen: Was kann ich von mir selbst erwarten und was von den anderen? Welche Möglichkeiten habe ich und welche haben wir gemeinsam?

Im Business ist das ganz ähnlich. Ein Teamorchester macht nur dann Musik, wenn jedes Teammitglied in Verbindung mit seinen Talenten und den Talenten der anderen ist. Jedes Teammitglied sollte wissen: Was traue ich mir selbst zu? Und was kann ich von den anderen erwarten? Alleine üben ist wichtig, keine Frage. Doch das verbessert die Technik, nicht automatisch die Musik, die am Ende gespielt wird. Will heißen: Jede Fortbildung und jede persönliche Weiterentwicklung, ja jede neue Idee wird erst im Team wirklich produktiv. Für die Einzelgänger im Business wird es in der neuen Welt der Wirtschaft zunehmend schwierig. Einige werden zwar noch Erfolg haben, aber sie werden nicht effektiv sein. Viele werden unglücklich und frustriert sein. Jetzt ist Zeit, etwas zu ändern!

Domo arigato Mr Roboto:
Sind Menschen unersetzlich?

Manchmal habe ich den Eindruck, in der alten Welt der Wirtschaft wurden vor allem menschliche Roboter gebraucht. Klingt das übertrieben? Nun, dann überlegen Sie doch mal, wo in den letzten Jahrzehnten die meisten Arbeitsplätze weggefallen sind. Das ist dort passiert, wo Menschen zunächst durch Maschinen und dann durch Computer ersetzt werden konnten. Sobald ein besserer Roboter zur Verfügung steht, kann der menschliche Roboter gehen. Ihr Geld bei der Bank erhalten Sie längst aus einem Automaten. Früher hat Ihnen ein Mensch die Scheine ausgehändigt. Aber auch über Ihre Bonität entscheidet heute kein Mensch mehr. Sondern eine Software errechnet aus allen Ihren finanziellen Aktivitäten Ihr Rating. Und während wir immer noch von »der Wall Street« sprechen, ist die alte New Yorker Börse kaum noch mehr als eine hübsche Kulisse für IPOs – Börsengänge von Unternehmen – und diverse Feierlichkeiten. Das Herz des amerikanischen Finanzkapitalismus schlägt längst in Secaucus im Bundesstaat New Jersey. Dort, in einem grauen Betonklotz mitten im Industriegebiet, unterhält die New York Stock Exchange (NYSE) Tausende Server, de-

Wer seine Talente voll entwickelt, ist so schnell nicht zu ersetzen.

ren Programme unvorstellbare Geldbeträge innerhalb von Sekunden-
bruchteilen um den Globus verschieben.

Wenn tatsächlich in 20 Jahren noch einmal 40 Prozent der heutigen
Arbeit verschwunden sein wird, dann wird der Arbeitsplatzschwund
wohl hauptsächlich die verbliebenen »menschlichen Roboter« treffen. Umgekehrt gilt: Wer seine menschlichen Talente voll zur Ent-
faltung gebracht und es gelernt hat, virtuos mit anderen Menschen
in Teams zusammenzuspielen, dessen vielschichtige Leistung kann so
schnell keine Maschine und kein Computer ersetzen. Die Stärke des
Menschen liegt in der Vielseitigkeit. Einzelne Arbeitsschritte können
Maschinen und Computer längst schneller und besser erledigen. Doch
ist noch lange keine künstliche Intelligenz in Sicht, die mit der Vielfalt der Talente und Begabungen des Menschen auch nur annähernd
mithalten könnte.

Die Übungen in Teil IV dieses Buchs zeigen Ihnen für jedes Instrument – also für jede der acht Teamrollen – den Weg vom Einsteiger
über den Fortgeschrittenen zum Teamvirtuosen. Wer eine Teamrolle
virtuos beherrscht, ist so schnell nicht zu ersetzen. Wer jedoch auf
dem Einsteigerlevel bleibt, läuft Gefahr, kaum mehr als ein besserer
menschlicher Roboter zu sein. Selbst der Topmanager Jos hatte kurz
vor seinem Burn-out das Gefühl, eine Art Managementroboter zu
sein. Er spulte nur noch sein eigenes Programm ab und verlor mehr
und mehr die Verbindung zu seinen Kollegen im Managementteam.
Zwei Jahre lang spielte er nicht mit den anderen zusammen, stimmte
sich nicht richtig ab, hatte kein Vertrauen mehr in die Talente der anderen. Klar war er immer noch ein Virtuose, ein immens kluger Kopf
mit viel Erfahrung. Aber eben kein *Team*virtuose!

It's a kind of magic:
virtuoses Zusammenspiel im Team

Virtuoses Zusammenspiel im Team basiert auf einer doppelten Verbundenheit – mit den eigenen Talenten und mit den Talenten der
anderen. Die Fragen dazu lauten immer wieder: Was kann ich gut?
Und was kann ich mit den anderen gemeinsam gut? Die eigenen Talente richtig zu erkennen ist schon schwierig genug. Es ist fast immer
ein längerer Lernprozess. Anfang dieses Jahres waren wir gemeinsam mit anderen Familien zum Skifahren in Österreich. Die Kinder
sind alle zwischen 17 und 19 Jahre alt. Im Skilift fragte ich unsere
Jugendlichen, was sie gut können, wozu sie Talent haben, wofür sie
schon mal gelobt wurden. Da waren die meisten ziemlich ratlos. Meine eigenen Kinder nicht ausgenommen. Mein Sohn meint schon seit
seinem sechsten Lebensjahr, er wird weltberühmt! Gerade merkt er,
wie schwierig das ist. Der Weg zu unseren Talenten ist oft ein langer
Weg der Selbsterkenntnis. Wunderkinder, bei denen sich schon im
Alter von vier oder fünf Jahren ein außergewöhnliches Talent zeigt,
sind die absolute Ausnahme. Niemand sollte sich entmutigen lassen,
wenn es länger dauert, mit dem eigenen Können in Verbindung zu
treten. Wichtig ist, sich überhaupt auf den Weg zu machen!

Sobald jemand weiß, was er kann, kommt als nächster Schritt
die positive Verbindung mit anderen. Ist die Selbsterkenntnis schon schwierig, so scheitern auch große
Talente oft im Zusammenspiel mit anderen Talen- **Verbindung mit sich selbst**
ten. Der Topmanager Jos zum Beispiel ist zwar **und Verbindung mit anderen –**
eine virtuose Harfe und ein nahezu ebenso virtu- **das zählt.**
oses Horn, verlor aber trotzdem vorübergehend die
Verbindung zu seinen Mitspielern im Unternehmen. Erst im Zusammenspiel entsteht die Kraft, ja geradezu die Magie der Virtuosität.
Wo alle sich gegenseitig beobachten, gegenseitig wahrnehmen und
wechselseitig verbessern, wo Feedback in alle Richtungen die Regel
ist, da spielen schließlich Teamvirtuosen zusammen.

Wenn der Manager Jos in seinen alten Job zurückkehrt, dann hat er die Chance, vom Virtuosen wieder zum Teamvirtuosen zu werden. Dazu sollte er zum Beispiel sein virtuoses Harfe- und Hornspiel neu mit seinem Vorstandskollegen Nils abstimmen. Nils ist eine weit fortgeschrittene, beinahe virtuose Trompete. Meetings sind sein Element. Er weiß immer Interessantes zu erzählen, kann andere begeistern und, wenn es sein muss, sehr gut improvisieren. Auch in kritischen Verhandlungssituationen behält er immer seine gute Laune. Dafür ist er nicht unbedingt jedes Mal perfekt vorbereitet, hat schon mal ein paar Zahlen nicht parat und überhört in seinem Optimismus gerne das eine oder andere Warnsignal.

Feedbacks und regelmäßiger Austausch sind der wichtigste Schlüssel.

Hier kann dann Jos seine Harfe und sein Horn spielen. Er ist in der Lage, Situationen blitzschnell zu analysieren, und er spürt sofort, wenn irgendwo eine Falle lauert. Im virtuosen Zusammenspiel bei Verhandlungen sollte er der Trompete Nils vertrauensvoll den Lead-Part überlassen und ihn gleichzeitig mit seinen beiden Instrumenten an den richtigen Stellen supporten.

Am wichtigsten für das virtuose Zusammenspiel im Team ist der regelmäßige Austausch, um sich abzustimmen. Das bedeutet vor allen Dingen Feedback. Es bedeutet außerdem, die Zusammenarbeit und die Talente regelmäßig zum Thema zu machen. Bei *Cat Consultants,* unserer früheren Beratungs- und Trainingsfirma, war es ein fester und wichtiger Agendapunkt, über unsere Zusammenarbeit und die Weiterentwicklung unserer Talente zu sprechen. In jedem wöchentlichen Meeting haben wir uns dafür 15 bis 20 Minuten Zeit genommen. Wir haben uns gegenseitig immer wieder gefragt: Wie weit bist du? Was ist den anderen bei dir aufgefallen? Welche Talente möchtest du mehr entwickeln? Was erwartest du dazu von den anderen?

In den Firmen von Mike Fischer bestimmen Kundenfeedbacks ganz stark die Zusammenarbeit. Die Teams schauen sich regelmäßig an: Was haben Kunden auf Facebook über uns geschrieben? Was steht in den Fragebögen, die in Hotels oder nach Schulungen verteilt werden? Wo die Entwicklung von Talenten ein fester Bestandteil der Unternehmensstrategie ist, da ist das Zusammenspiel im Team auch immer wieder Thema für Teams. Weder alleine noch *von* alleine entwickelt sich jemand zum Teamvirtuosen. Entscheidend ist vielmehr das permanente Wechselspiel zwischen Arbeit an sich selbst und Austausch mit anderen. Die hohe Kunst der Teamvirtuosen besteht darin, sich selbst und die anderen gleich gut zu beobachten und einzuschätzen.

That's where we are:
drei Level des Könnens in Teamrollen

Ich liebe das Teamrollenmodell von Meredith Belbin auch deshalb, weil es so einprägsam ist. Insbesondere mit den Instrumentenmetaphern, die ich verwende, können die meisten sich sehr schnell selbst einschätzen. Bin ich im Team meistens die taktgebende Trommel? Oder die kommunikative, sozial eingestellte Geige? Oder die analytische Harfe? Oder, oder, oder? Bei meinen Vorträgen genügen **Schnelle Selbsteinschätzung mit den Instrumentenmetaphern** ein paar Stichworte, und fast alle Zuhörer haben sich schon selbst grob eingeschätzt. So einprägsam das auch ist, irgendwann reichte es mir nicht mehr ganz. Denn Trommel ist nicht gleich Trommel, Geige nicht gleich Geige und so weiter. Hier sehe ich auch wieder eine exakte Parallele zur Musik: Sowohl ein Instrument als auch eine Teamrolle können Sie unterschiedlich gut beherrschen. Es gibt blutige Anfänger, echte Könner und eine Menge dazwischen.

In der Musik ist das vielleicht etwas offensichtlicher als im Team. Wer gerade mal so ein bisschen Gitarre spielen kann, bei dem reicht es vielleicht fürs Lagerfeuer. Nach ein paar Bieren ist es ja nicht mehr so wichtig, ob jemand jeden Ton trifft, oder? Wenn es nur um gute Laune geht, ist das okay. Wer dagegen absolut genial an der Gitarre ist, der heißt zum Beispiel Carlos Santana und ist ein Weltstar. Dazwischen liegt ein Riesenspektrum des Könnens. In Teams ist das genauso. Ich habe in Unternehmen Mitarbeiter kennengelernt, die mehrere Teamrollen ein bisschen beherrschen, aber in keiner richtig gut sind. Und ich habe solche Teamvirtuosen wie die Klinikchefin Lara kennengelernt, von der ich Ihnen berichtet habe.

 **Einsteiger, Fortgeschrittener oder Teamvirtuose?** Angelehnt an die Welt der Musik unterscheide ich deshalb bei sämtlichen Teamrollen Anfänger – pardon: Einsteiger sowie Fortgeschrittene und schließlich Teamvirtuosen. In der folgenden Übersicht sehen Sie, was Einsteiger, Fortgeschrittene und Teamvirtuosen jeweils charakterisiert. Egal, in welcher Teamrolle.

So erkennen Sie Einsteiger:

- Sind viel mit sich selbst beschäftigt, suchen ihren Platz im Team.
- Erleben öfter Stress, bewegen sich noch nicht in einer Komfortzone.
- Haben Mühe mit dem Zuhören, bekommen oft nicht alles mit.
- Lassen sich schnell verunsichern, sind manchmal regelrecht befangen.
- Benötigen viel Input von außen, haben Wissenslücken.
- Brauchen viel positives Feedback sowie Ermutigung von anderen.
- Sind für vieles offen, legen sich in ihrem Urteil nicht gerne fest.
- Werden selten von anderen um Rat gefragt.
- Erleben viel Frust, weil es oft nicht so läuft wie gewünscht.

- Schauen oft auf Fortgeschrittene und messen sich mit ihnen.
- Sind ambitioniert, wirken in ihrem Ehrgeiz aber schnell verkrampft.
- Sind kaum in Verbindung mit sich selbst und anderen.

So erkennen Sie Fortgeschrittene:

- Haben ein entwickeltes Repertoire an Möglichkeiten.
- Kennen ihre drei bis vier größten Talente, arbeiten daran schon seit Jahren.
- Haben noch blinde Flecken, wissen das meistens auch.
- Haben eindeutige Vorlieben und legen sich gerne fest.
- Sind schon lange – manchmal zu lange – in derselben Umgebung.
- Neigen zum Zynismus, wenn sie schon lange dabei sind.
- Können gut zuhören, sich abstimmen und zusammenarbeiten.
- Haben ein »dickes Fell«, da sie schon viel erlebt haben.
- Sind manchmal nur noch »Mitmacher«, die Business as usual machen.
- Bewegen sich häufig in einer Komfortzone, dank ihrer Routine.
- Müssen sich oft einen Ruck geben, um sich weiterzuentwickeln.
- Wünschen sich manchmal schon länger neue Herausforderungen.
- Können im Mittelmaß stecken bleiben, wenn Impulse ausbleiben.
- Verdienen gut, haben angenehme Kollegen und ein großes Netzwerk.
- Sind akzeptabel in Verbindung mit sich selbst und anderen.

So erkennen Sie Teamvirtuosen:

- Werden oft um Rat gefragt und um Hilfe gebeten.
- Haben ein ausgeprägtes Selbstvertrauen, wirken souverän.
- Kennen ihre eigenen Stärken und Schwächen genau.
- Haben ein außergewöhnlich breites Repertoire von Möglichkeiten.
- Haben in unterschiedlichen Teams schon eine Menge geleistet.
- Sind vom Erfolg verwöhnt.
- Suchen sich Umgebungen, in denen sie in ihrer Rolle exzellent sind.

- Haben bereits sehr viel Feedback erhalten und daraus gelernt.
- Suchen sich immer wieder strengere Lehrer.
- Gehen stets aufs Neue an die Grenze ihrer Komfortzone.
- Probieren leidenschaftlich gerne Neues aus.
- Erweitern ständig ihren Einflussbereich.
- Besitzen Mut.
- Können mit Teamkollegen aus allen drei Levels zusammenarbeiten.
- Haben einen sehr guten Blick für die Talente anderer.
- Sind dort, wo sie am liebsten sind, auch am meisten gefragt.
- Sind ausgezeichnet in Verbindung mit sich selbst und anderen.

Sowohl in funktionalen Rollen als auch in Teamrollen waren wir wahrscheinlich alle schon mal mindestens Einsteiger und Fortgeschrittene. Ich erinnere mich zum Beispiel gut, wie ich blutiger Anfänger im Verkauf war. Das war vor meiner Zeit als Trainer und erst recht als Redner. Ich arbeitete bei *Siemens-Nixdorf*. Die funktionale Rolle »Verkäufer« war für mich damals völlig neu. Ich war unsicher und verglich mich die ganze Zeit mit einem Spitzenverkäufer, der schon länger dabei war. Wir saßen im selben Raum, deshalb bekam ich mit, wie unterschiedlich er im Vergleich zu mir seinen Job erledigte. Warum wurde er ständig von Kunden angerufen, während ich meinen wenigen Kunden hinterhertelefonieren musste? Und warum konnte er in praktisch jedem Telefongespräch irgendetwas verkaufen, während meine Kunden meistens kein Interesse hatten?

Warum haben es Fortgeschrittene und Virtuosen so viel einfacher? Dieser Kollege war nicht nur ein guter Verkäufer, von der funktionalen Rolle her, sondern auch eine tolle Trompete, von der Teamrolle her. Er war super kommunikativ und verstand es, seine Kunden zu begeistern. Was mich als Einsteiger am meisten wurmte, war die Tatsache, dass ihm das alles nicht die geringste Mühe zu machen schien. Er hatte offensichtlich einfach den ganzen Tag lang Spaß und strich nebenbei Auszeichnungen als bester Verkäufer ein. Ich zerbrach mir den Kopf: Wie macht der das bloß? Als Einsteiger kann man sich eben oft nicht vorstellen, warum es die Fortgeschrittenen und die Virtuosen so viel leichter haben. Erinnern Sie sich an

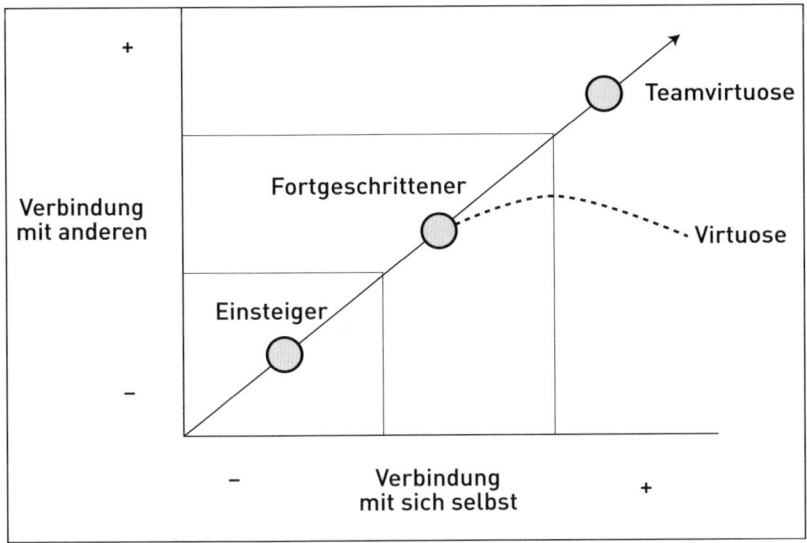

Abbildung: Auf dem Weg vom Einsteiger zum Teamvirtuosen nimmt die Verbindung mit sich selbst und anderen jeweils zu. Wer die Verbindung mit anderen verliert, kann zwar Virtuose sein, ist aber kein Teamvirtuose.

Ihre erste Fahrstunde? Wenn Sie vorher heimlich Autofahren geübt hatten, war es vielleicht nicht so schlimm. Aber wenn Sie noch nie gefahren waren, werden Sie bei Ihrer ersten Fahrstunde kaum verstanden haben, wie alle Leute – außer Ihnen! – dieses Gekurve so locker-lässig hinkriegen. Wie machen die das, sich am Steuer einfach zurückzulehnen, Musik zu hören und sich zu unterhalten? Unfassbar für Anfänger!

Wie Sie aus der Übersicht wahrscheinlich schon herausgelesen haben, sind Fortgeschrittene oft ein wenig gefährdet. Die Gefahr lauert in der Komfortzone. Genügt den Fortgeschrittenen ihr relativ gutes Können? Falls ja, drohen Routine und Mittelmaß, ja vielleicht sogar Langeweile und Zynismus. Fortgeschrittene müssen sich oft entscheiden, ob sie irgendwo noch länger bleiben oder sich anderswo weiterentwickeln. Da es ihnen dort, wo sie gerade sind, oft gut geht – auch finanziell –, drohen sie hängenzubleiben. Peter Essens von der

Niederländischen Organisation für Angewandte Naturwissenschaftliche Forschung TNO sagt: In Zukunft wird es normal sein, dass wir alle drei bis fünf Jahre unsere Arbeitsumgebung wechseln, um uns weiterzuentwickeln. Da werden sich viele, die heute als fortgeschrittene Routiniers ein gutes Auskommen haben, noch dran gewöhnen müssen. Einzig die Teamvirtuosen suchen ohnehin immer die nächste Herausforderung. Sie sind souveräne Könner – und dennoch niemals ganz zufrieden, niemals bereit stehenzubleiben. Ihr Lohn besteht darin, dass sie sich ihr Umfeld aussuchen können. Sie sind genau dort gefragt, wo sie hinwollen.

Die Spitzenteams der Zukunft bestehen aus lauter Teamvirtuosen. Das ist eine zentrale These dieses Buchs. Und mein wichtigstes Anliegen mit diesem Buch ist es, möglichst alle Leser bei ihren bevorzugten Instrumenten auf den Weg zum Teamvirtuosen zu bringen. Deshalb finden Sie im nun folgenden Teil Impulse und Übungen für alle acht Instrumente. Und zwar jeweils für die Levels Einsteiger, Fortgeschrittener und Teamvirtuose. Beschäftigen Sie sich bei diesen Solo-Parts ruhig als Erstes mit jenen Teamrollen, die Ihnen laut Testergebnis (oder Selbsteinschätzung) am meisten liegen. Beschränken Sie sich jedoch bitte nicht darauf. Echte Teamvirtuosen beschäftigen sich mit sämtlichen Instrumenten. So können sie stets alle Teammitglieder richtig einschätzen und mit ihnen zusammenspielen.

»Wollen Sie eine Sammlung genialer Köpfe oder eine geniale Sammlung von Köpfen?«
Meredith Belbin, Erfinder des Teamrollenmodells

Es gibt nicht den Virtuosen an sich. Es gibt auch nicht den einen Weg zum Virtuosen. Auch das ist wieder in der Musik ganz genauso wie in Teams. Teamvirtuosen wissen, dass es erstens auf das passende Instrument, zweitens auf die Kombination von Instrumenten und drittens auf den Level der Beherrschung einzelner Instrumente ankommt. Möglichst viele Instrumente in ihren jeweiligen Eigenschaften zu kennen und mindestens zwei oder drei sehr gut zu spielen, ist ein klarer Vorteil in den Teams der Zukunft. Heute werden Talente oft noch sehr einseitig kultiviert. Da gibt es zum Beispiel den genialen Unternehmensgründer – eine Koryphäe in puncto Technik und Design –, der als Boss eine Katastrophe ist und vor dem alle im Unternehmen Angst haben. So jemand ist als Gitarre ein Ohrenschmaus und als Trommel und Klavier völlig verstimmt. Auch das bedeutet wiederum: Virtuose ja, Teamvirtuose nein.

Was kann ich – was können wir? Welche Möglichkeiten habe ich und was kann ich von anderen erwarten? Wer diese Fragen immer wieder kritisch für sich beantwortet, der bleibt in der doppelten Verbindung mit seinen eigenen Talenten und den Talenten anderer. In diesem Sinn wünsche ich Ihnen viel Spaß und Erfolg mit den Solo-Parts im folgenden Teil. Entdecken Sie die für sich und Ihre Instrumente richtigen Übungen. Und vertiefen Sie Ihre Fähigkeiten dann weiter online. QR-Codes führen Sie immer wieder direkt zum Ziel. Den Möglichkeiten, zum Teamvirtuosen zu werden, sind kaum Grenzen gesetzt.

REWIND

Ein Teamorchester spielt erst dann harmonisch zusammen, wenn jedes Teammitglied in Verbindung mit seinen Talenten und den Talenten der anderen ist.

Wer in der Arbeitswelt der Zukunft garantiert nicht überflüssig sein will, der arbeitet an seinen Talenten. Die Vielschichtigkeit menschlicher Talente ist so schnell durch keinen Computer zu ersetzen.

In jeder Teamrolle gibt es einen Weg vom Einsteiger über den Fortgeschrittenen bis zum Teamvirtuosen. Dabei nimmt die Verbundenheit mit sich selbst und anderen jeweils zu.

TEIL IV:
SOLO-PARTS

66 *Ich bin jeden Abend anders,*
das hängt vom Publikum ab.
Denn ich bin ein Künstler, der
versucht, Kontakt herzustellen,
zusammen eine Party ablaufen
zu lassen. 99

Robert Kreis, Entertainer und musikalischer Kabarettist

VON PRAKTISCH ZU UMSETZUNGSSTARK: DER BASS

»Also, ich arbeite jeden Tag daran, ein besserer Mensch zu werden.
Und Musik ist auch Arbeit.«

Blumio, Rapper

Der Bass im Team ist ein praktisch eingestellter, disziplinierter Arbeiter. Er liebt es, Musikstücke aufzuführen. Das kreative Komponieren überlässt er anderen. Fleiß und Pflichtbewusstsein zeichnen den Bass aus.

Stärken des Basses:

- *Selbstbeherrschung und Selbstdisziplin*
- *hoher Arbeitseinsatz, Belastbarkeit unter Druck*
- *praktischer, gesunder Menschenverstand*
- *Organisationstalent*

Schwächen des Basses:

- *Mangel an Flexibilität bei Veränderungen*
- *wenig Offenheit für Ideen, deren Nutzen nicht sofort klar ist*

Wie gut spielen Sie in einem Team als Bass? Schätzen Sie Ihre Fähigkeiten spontan auf einer Skala von 1 bis 15 ein!

1	2	3	4	5	6	7	8	9	10	11	12	13	14	15
Einsteiger					Fortgeschrittene					Teamvirtuosen				

Slave to the rhythm: der Bass als Einsteiger

Der Einsteiger-Bass hält sich im Hintergrund. In Teambesprechungen hört er meistens schweigend zu. Er wartet auf Anweisungen. Am liebsten mag er kurze, knappe und klare Kommandos. Ausführliche Erklärungen sind für ihn eine Qual. Er kann schlecht still sitzen und zuhören. Er will rausgehen und etwas machen! Theorie hält er schnell für Schwachsinn. Schulungen ohne Praxisnähe langweilen ihn. Allerdings lässt er sich seinen Frust nicht anmerken, weil er im Team keinesfalls auffallen will. Er lässt sich lieber etwas zeigen als aus Fachbüchern zu lernen. Wenn ein Plan eines Vorgesetzen höchstwahrscheinlich nicht funktioniert und er das ahnt, führt er den Plan trotzdem aus. Wenn eine Trompete schon längst rebellieren würde, macht der loyale Einsteiger-Bass noch lange Zeit stillschweigend mit. Seine ruhige Art wirkt auf die anderen Teammitglieder vertrauenerweckend. Der Bass kann den anderen im Team viel Sicherheit geben. Bei seiner Arbeit legt er von außen gesehen wenig Enthusiasmus an den Tag. Er macht leise, aber gerne, was verlangt wird. Motivierendes Feedback ist ihm nicht so wichtig. Komplimente machen ihn schnell verlegen.

Herausforderungen für den Bass als Einsteiger

Bässe auf dem Einsteigerlevel sollten sich zunächst einmal klarmachen, dass sie für das Team wichtig sind. Jedes Team braucht so einen loyalen Umsetzer. Die dominante Trommel oder die extravertierte Trompete fallen im Team vielleicht am meisten auf – doch ohne den Bass läuft der Laden nicht. Wenn der Bass verstanden hat, dass er wichtig ist, kann er sich angewöhnen, von sich hören zu lassen. Die anderen Instrumente nehmen von sich aus auf den Bass keine Rücksicht. Sie sehen ihn als ihren verlängerten Arm. Für den Einsteigerbass ist es eine Herausforderung, weniger verschlossen zu sein. Bässe sind gute Organisatoren. Für funktionierende Pläne ist es wichtig, dass Bässe sich einmischen. Sonst werden eben die Pläne der lauten und dominanten Teammitglieder verfolgt. Selbst wenn diese Pläne untauglich sind. Bässe haben ein Praxiswissen. Auf dem Einsteigerlevel müssen sie

 **Gut im Organisieren und Planen**

lernen, ihr Wissen auch aktiv zu teilen. Klar liegt ihnen das Theoretisieren nicht. Es ist die Aufgabe des Basses, Nutzenorientierung und Praxiswissen in das Team einzubringen. Hier liegt seine große Stärke.

Risiken und Fallen für den Bass als Einsteiger

Bässe, die ihre Fähigkeiten noch nicht so stark ausgeprägt haben, sind oft folgsam bis hin zur Unterwürfigkeit. Sie orientieren sich an ihrem Boss oder an der Mehrheit im Team. Eine häufige Falle besteht darin, Ideen zu haben, sie aber nicht zu äußern. Motto: Ich warte lieber ab, was andere mir sagen. Das ist in gewisser Weise die Komfortzone des Basses: sich keine eigenen Gedanken machen müssen und Dinge abarbeiten dürfen. Diese Haltung kann für das Team oder die Kunden manchmal schädlich sein. Ich habe einmal einen Handwerker erlebt, der neben einem Fenster ein Rohr installieren sollte. Er führte die Aufgabe genau so aus, wie sein Chef es ihm gesagt hatte. Danach ließ das Fenster sich nicht mehr öffnen! Ich bin mir sicher, dass der Handwerker wusste, was er da tat. Er hat das Problem für sich behalten und nichts gesagt.

Schweigen ist eine gefährliche Falle für Bässe. Wenn auf Großbaustellen alles schiefgeht und es deshalb zu einem Baustopp kommt, dann haben das die Bässe meistens schon kommen sehen. Sie haben aber nichts gesagt! Oder auf sie wurde nicht gehört, weil sie sich nicht selbstbewusst genug eingemischt haben. Eine weitere Falle für Bässe ist ihre Empfindlichkeit für Hierarchie. Besonders Bässe, die nicht an der frischen Luft, sondern am Schreibtisch arbeiten, laufen Gefahr, Dienst nach Vorschrift zu machen. Während Gitarren oder Trompeten Bürokratie hassen, hilft sie dem Bass, in seiner Komfortzone zu bleiben. Das kann ein Team gewaltig bremsen, wenn Flexibilität gefragt ist.

Übungen für den Bass als Einsteiger

Verantwortung übernehmen und Dinge organisieren – das hilft dem Bass als Einsteiger am meisten. Wenn Sie als Bass im Team noch Einsteiger sind, dann überlegen Sie doch mal, wo Sie mehr organisieren können. Sie brauchen nicht unbedingt in Ihrem Team am Arbeitsplatz zu beginnen. Eine gute Übung ist es auch, Familienausflüge oder Ausflüge mit Freunden zu planen. Planen Sie so etwas nicht alleine, sondern stimmen Sie sich bei der Planung mit den anderen Familienmitgliedern beziehungsweise mit Ihren Freunden ab. Neben Ausflügen bietet es sich an, einen tollen Urlaub zu planen. Bieten Sie aktiv an, dass Sie das gern übernehmen möchten.

Im Team können Sie anbieten, die nächsten Meetings oder Fortbildungen zu organisieren. Auch Feiern, Feste oder Ausflüge sollten im Team die Bässe planen. Im Team besonders wichtig: keine Alleingänge! Auch wenn es Ihnen am leichtesten fallen würde, alles selbst zu machen. Binden Sie andere ein, holen Sie sich Informationen und lernen Sie vor allem auch, andere mit Aufgaben zu betrauen und zu instruieren. Ein sehr hilfreiches Tool für Bässe auf dem Einsteigerlevel ist es, ein »Drehbuch« für jede Planung und Organisation zu machen. Schreiben Sie die einzelnen Schritte auf, die nötig sind, um ein Meeting, eine Fortbildung, ein Fest oder einen Ausflug zu organisieren. Das ermöglicht es Ihnen, an andere zu kommunizieren, was Sie vorhaben. Nur wenn andere verstehen, was Sie planen, können diese Ihnen helfen. Als Organisator übt der Bass seine Macherqualitäten!

Mehr Übungen für den Bass als Einsteiger finden Sie online. Folgen Sie einfach dem QR-Code am Rand dieser Seite.

Bring on your wrecking ball: der Bass als Fortgeschrittener

Der fortgeschrittene Bass ist im Team der sprichwörtliche »Hans Dampf in allen Gassen« – ein Arbeitstier, ein energischer Macher, ein Typ, der überall anpackt. Er ist in der Lage, seine Arbeit effizient zu organisieren. Fortgeschrittene Bässe erkennt man insbesondere an einer guten Übersicht. Sie können das zum Beispiel in Restaurants und Cafés bei Kellnern gut beobachten. Der Einsteigerbass als Kellner geht immer wieder zu jedem einzelnen Tisch – und übersieht auch gerne mal, dass ein Teller abgeräumt gehört. Der Fortgeschrittene hat das ganze Lokal im Blick. Wie ein Wiesel saust er um die Tische, nimmt hier noch einen leeren Teller mit, legt dort schon mal die Rechnung hin und fragt da im Vorübergehen, ob noch etwas gewünscht ist. Kein Gast entgeht seinem Adlerblick. Ein Nicken genügt, und er kommt zu Ihrem Tisch. Ein fortgeschritener Bass sieht immer, was gerade zu tun ist, und kümmert sich.

Fortgeschrittene Bässe sind tatkräftig, dabei diszipliniert und konzentriert. Sie kennen **Guter Überblick, Effizienz, Konzentration** die Abläufe gut und vermeiden überflüssige Wege. Ja, auch sie sind loyal und halten sich an Anweisungen. Sie legen Regeln jedoch weniger bürokratisch aus. Meistens agieren sie pragmatisch, damit der Laden läuft. Von ihren Teamkollegen werden fortgeschrittene Bässe als absolut vertrauenswürdig eingeschätzt. Sie sind wie ein Fels in der Brandung. Auch in schwierigen Situationen und während Krisen bewahren sie Ruhe und Übersicht. Sie denken selbstständig. Im Vergleich zu den Einsteigern sind sie wesentlich mitteilsamer. Je fortgeschritener sie sind, desto selbstbewusster vertreten Bässe ihre Meinung. Man hört sie im Team, sie melden sich zu Wort. Dabei beziehen sie sich immer auf ihre Praxiserfahrung. Aus Theoriedebatten halten sie sich grundsätzlich heraus.

Herausforderungen für den Bass als Fortgeschrittenen

Bei fortgeschrittenen Bässen ist mehr und mehr das Organisationstalent gefragt. Zunächst sollten sie lernen, ihre eigene Arbeit immer besser zu organisieren. Effizienz und Effektivität lauten hier die Stichworte. Danach geht es in Richtung Projektmanagement und Terminplanung. Fortgeschrittene Bässe machen in der funktionalen Rolle des Projektleiters, Eventmanagers oder Disponenten eine gute Figur.

Sie überblicken, was als Nächstes zu tun ist. Dabei sollten sie sich schrittweise an immer kompliziertere Abläufe herantasten. Weit fortgeschrittene Bässe verantworten zum Beispiel problemlos Bauprojekte oder unternehmensweite IT-Projekte. Auf diesem Level muss der Bass lernen, sehr gut mit anderen zu kommunizieren. Fortgeschrittene Bässe kommunizieren sachlich und knapp. Das ist okay, solange ihre Aussagen präzise sind.

Kennen Sie in Katastrophenfilmen diese kühlen Typen, die in der allgemeinen Panik Ruhe bewahren und den anderen sagen, was sie machen sollen? Eindeutig fortgeschrittene Bässe! Wenn Sie Ihre Bass-Qualitäten weit entwickelt haben, sind Sie der ideale Krisenmanager in Ihrem Team. Gute Feuerwehrleute – sowohl im buchstäblichen als auch im übertragenen Sinn – sind typischerweise Bässe. Je geübter ein Bass ist, desto besser kann er komplizierte Situationen überblicken. Eine Herausforderung für fortgeschrittene Bässe liegt in komplexen oder heiklen Situationen. Je schwieriger eine Aufgabe wird, desto wichtiger ist es, dass der Bass im Team seine Meinung sagt. Fortgeschrittene Bässe sollten lernen, kontrovers zu diskutieren, ohne dabei mürrisch oder ungeduldig zu werden. Auch wenn ihnen das vom Naturell her vielleicht nicht so liegt.

Risiken und Fallen für den Bass als Fortgeschrittener

Profis, die genau wissen, was zu tun ist, wirken in ihrer Routine manchmal kühl. Das kann für das Team zum Problem werden. Andere Teammitglieder sind dann frustriert, weil ihre emotionalen Bedürfnisse zu wenig berücksichtigt werden. Dann ist der Bass vielleicht fachlich im Recht und seine Handlungsempfehlungen haben Hand und Fuß – trotzdem regt sich im Team Widerstand gegen den »sturen Technokraten«, weil die Geige mit ihm nie mal nett Kaffee trinken kann oder die Gitarre mit ihm nicht über neue Ideen brainstormen kann. Da sollte der fortgeschrittene Bass hin und wieder über seinen Schatten springen und sich flexibler und offener zeigen.

 **Bitte keine kühle Routine!**

Gelingt das nicht, dann werden aus fortgeschrittenen Bässen auch schon einmal Bürokraten oder Moralapostel, die jedem erzählen, wie es sich gehört. Der Weg zum Teamvirtuosen ist verbaut. Der Bürokrat glaubt, dass die bestehenden Regeln absolute Gültigkeit besitzen und niemand dagegen verstoßen darf. Bürokraten verhindern oft kreative Lösungen, auf die es in den flexiblen und agilen Teams der Zukunft jedoch zunehmend ankommen wird. Die Zyniker unter den fortgeschrittenen Bässen erledigen ihren Job so, wie sie ihn für richtig halten, auch wenn sie damit andere brüskieren oder ihnen sogar schaden. Ungeduld und mangelndes Feingefühl sind eine gängige Falle für Bässe. Ein Bass fragt sich dann oft: Warum machen die anderen das nicht so, wie ich es mache? Wenn der Geduldsfaden reißt, kann der Bass seine Teamkollegen auch schon einmal richtig anschreien.

Übungen für den Bass als Fortgeschrittenen

Wagen Sie sich als fortgeschrittener Bass an Projekte heran. Auch hier gibt es gute Möglichkeiten, zunächst einmal im privaten Umfeld zu üben. Vielleicht ist es ja eine spannende Aufgabe, für Ihren Sportverein ein neues Klubheim zu bauen? Auch der private Hausbau ist da natürlich ein tolles Übungsfeld, auf dem Bässe viel lernen können. Vielleicht haben Sie aber auch Lust, einmal ein richtig großes Event zu organisieren? Denken Sie sich ruhig etwas aus – oder fragen Sie eine Gitarre! Eine sehr gute Übung ist es, wenn Sie für die Finanzierung Ihres Projekts sorgen müssen. Organisieren Sie beispielsweise eine Spendenaktion. Oder akquirieren Sie Sponsoren und Werbepartner. So schulen Sie neben dem organisatorischen auch Ihr kommunikatives Geschick.

Projektmanagement bedeutet Zusammenarbeit mit anderen. Suchen Sie sich als fortgeschrittener Bass möglichst Anlässe, bei denen Sie die Zusammenarbeit üben können. Je komplexer die Zusammenarbeit ausfällt und je mehr Abstimmung nötig ist, desto besser. Üben Sie als Bass, auf ganz unterschiedliche Menschen zuzugehen und diese in Ihre Projekte einzubinden. Entscheiden Sie sich ganz bewusst gegen Leute, die so ähnlich ticken wie Sie und denen Sie ohnehin vertrauen.

Binden Sie stattdessen mindestens fünf völlig verschiedene Typen in Ihr aktuelles Projekt ein. Lernen Sie, unterschiedlichen Charakteren die Projektziele auf die ihnen jeweils gemäße Weise nahezubringen. Schulen Sie Ihre Toleranz gegenüber Leuten, die auf andere Weise zum Ziel gelangen, als Sie das gewohnt sind.

Mehr Übungen für den Bass als Fortgeschrittenen finden Sie online. Folgen Sie einfach dem QR-Code am Rand dieser Seite.

Baby you can do it: der Bass als Teamvirtuose

Internationale Großprojekte, Total Quality Management, Six Sigma, Operational Excellence – das sind Schlagworte aus der Welt des Basses als Teamvirtuose! Hier ist der Bass derjenige, der alles noch im Blick hat, während anderen schon der Kopf raucht. Wo Aufsichtsräte mit Schweißperlen auf der Stirn Milliardenverluste kommen sehen, erklärt der virtuose Bass ganz ruhig und gefasst, was noch zu retten ist. Auf diesem Niveau hat der Bass vieles integriert, was sonst eher andere Teamrollen auszeichnet: Er ist kommunikationsstark, durchsetzungsfähig und in der Lage, schnell Entscheidungen zu treffen. Mit Theorie hat er keine Probleme, solange sie in der praktischen Anwendung etwas nützt. In der jeweiligen Fachliteratur kennt er sich gut aus.

Ruhe und Übersicht bewahren ist die Devise des Basses.

Echte Innovationen sind seine Sache dennoch nicht. In Change-Projekten fühlt er sich unwohl. Effizientes Management, effiziente Verwaltung und Wartung, heißt sein Metier. Für Effizienzoffensiven ist er geradezu prädestiniert. Als Konzernmanager weiß er, wo man ansetzen kann, um Kosten zu senken. Praktisch überall findet er noch etwas, das sich verbessern lässt. Kaizen, der kontinuierliche Verbesserungsprozess in der Produktion, wurde bestimmt von virtuosen

Bässen erfunden! Gleichzeitig läuft der virtuose Bass auch in Krisensituationen zur Hochform auf. Notarztteams, Spezialeinsatzkommandos der Polizei oder Krisenreaktionskräfte der Armee bestehen aus virtuosen Bässen. Apropos Armee: Die Offizierslaufbahn ist wie geschaffen für virtuose Bässe. Denn die fähigsten Militärs sind sowohl loyal als auch flexibel. Sie können mitdenken, gleichzeitig aber auch Befehle empfangen und dann effizient umsetzen.

Herausforderungen für den Bass als Teamvirtuosen

Das lebenslange Lernen gehört zur Einstellung aller Virtuosen. Auch Bässe auf dem Niveau des Teamvirtuosen können und wollen sich noch weiter verbessern. Dabei fällt es ihnen relativ leicht, für sich alleine fleißig weiter zu üben und an ihrer persönlichen Effizienz zu arbeiten. Die Herausforderungen liegen mehr im zwischenmenschlichen Bereich sowie bei der Theorie. Bässe als Teamvirtuosen werden immer kommunikativer. Nehmen Sie als Beispiel das Notarztteam. Hier muss der virtuose Bass wissen, was als Nächstes zu tun ist. Er muss auch in der Lage sein, sich in hohem Tempo mit den anderen Teammitgliedern auszutauschen, damit alle sofort das Richtige tun. Außerdem brauchen Notärzte ein gewisses Feingefühl für leidende und zum Teil panische Menschen, denn sie müssen diese beruhigen. Virtuose Bässe entdecken irgendwann Theorien und Modelle, die sie früher als praktisch nicht relevant abgelehnt hätten. Schließlich akzeptieren sie auch unkonventionelle Vorgehensweisen – solange das Ergebnis stimmt.

Risiken und Fallen für den Bass als Teamvirtuosen

Virtuose oder Teamvirtuose? In sämtlichen Teamrollen droht selbst Könnern die Gefahr, dass ihre Verbindung zum Umfeld schwächer wird. Wer nicht ausreichend mit den anderen Teammitgliedern verbunden ist, der ist vielleicht Virtuose, aber kein Teamvirtuose. Holt den virtuosen Bass seine alte Ungeduld ein, kann es sein, dass

Immer die positive Verbindung zum Team halten.

er nicht mehr ausreichend mit seinem Umfeld kommuniziert. Dann wird er sich selbstgefällig und überlegen fühlen, weil er weiß, wie die Dinge einfach laufen sollen, und die anderen nicht. Je anspruchsvoller seine Projekte jedoch werden und je mehr Verantwortung er trägt, desto wichtiger ist Kommunikationsstärke für den Bass. Hier gilt es also dranzubleiben. Ein weiteres Problem selbst für virtuose Bässe kann darin bestehen, dass seine Fähigkeiten nicht ausreichend anerkannt und honoriert werden.

Der Bass ist die vielleicht am häufigsten unterschätzte Teamrolle. Das kann selbst noch auf dem höchsten Level so sein. Da sorgt der Bass unter schwierigsten Bedingungen für reibungslose Abläufe und absolute Termintreue – und die anderen Teammitglieder nehmen das als selbstverständlich hin. Hier muss der virtuose Bass den Mund aufmachen und die notwendige Anerkennung – auch in Form von Geld – einfordern. Allerdings gibt es auch virtuose Bässe, die irgendwann zur Arroganz neigen. Ihr Können macht sie übermütig. Sie wollen sich dann vielleicht in einem noch größeren Projekt beweisen, als sie sich bisher jemals zugetraut haben. Oder sie glauben: »Ich kann alles.« Manchmal lassen sie sich zu gefährlichen Abenteuern verleiten.

Übungen für den Bass als Teamvirtuosen

Eine Möglichkeit der Weiterentwicklung für virtuose Bässe besteht darin, die anspruchsvollsten Zertifikate im jeweiligen Fachgebiet zu erwerben. Bei Six Sigma, einer bekannten Methode des Qualitätsmanagements, ist es zum Beispiel möglich, einen »Schwarzen Gürtel« zu bekommen. Generell gibt es gerade im Projekt- und Qualitätsmanagement etliche Möglichkeiten der Fortbildung und Weiterqualifizierung. Bässe, die in diesen Bereichen tätig sind, sollten sich immer wieder nach Weiterbildungsmöglichkeiten umschauen. Denn die große Gefahr selbst für virtuose Bässe ist es, dass sie glauben, alles schon zu wissen und alles schon zu können. Eine echte Herausforderung für den Bass, der als Einsteiger jede Theorie verabscheut, ist ein Studium.

Teamvirtuosen sollten sogar über ein Zweitstudium nachdenken. Am besten in einem Fachgebiet, das den Horizont erweitert. Wenn Sie Ingenieur sind, denken Sie zum Beispiel darüber nach, noch einen MBA zu machen. Hilfreich sind auch Zusatzausbildungen, die Ihre Menschenkenntnis verbessern und Ihre Kommunikationsstärke fördern: NLP, Reiss Profile oder DISG sind Methoden und Modelle, die sich um den Menschen drehen. Bässe, die sich in so etwas qualifizieren, erweitern ihre Möglichkeiten ungemein. Und klar, ganz besonders empfehlen kann ich Ihnen eine Belbin-Zertifizierung! So lernen Sie als virtuoser Bass, sämtliche Teamrollen in der Tiefe zu verstehen.

Mehr Übungen für den Bass als Teamvirtuosen finden Sie online. Folgen Sie einfach dem QR-Code am Rand dieser Seite.

Round-up: der Entwicklungsweg des Basses

Diszipliniert, loyal und pragmatisch – das zeichnet einen Bass auf sämtlichen Entwicklungsstufen aus. Sein Entwicklungsweg im Team führt vom unauffälligen Mitmacher zum umsetzungsstarken Manager oder Experten. Ein Bass, der seine Rolle im Team immer besser **Selbstbewusster und offener werden** spielt, vertritt seine eigene Meinung, diskutiert mit anderen Teammitgliedern und kommuniziert effektiv. Leidet der Bass am Anfang oft unter einem Gefühl der Bedeutungslosigkeit, so ist er als Virtuose schließlich der selbstbewusste Projektmanager oder Produktionsleiter, der eine ruhige Autorität besitzt und höchstes Vertrauen genießt.

Auf der psychischen Ebene zieht die Bass-Rolle im Team oft nüchterne, in sich ruhende, ernste und schweigsame Menschen an. Dieser Charaktertyp hält sich gerne an Regeln und macht nicht viel Aufheben um seine Person. Im Team werden solche Bässe mit der Zeit selbstbewusster sowie offener für Veränderungen. Sie lernen, mehr auf andere einzugehen und sich mit ihnen auszutauschen. Dabei bleiben sie stets diejenigen, auf die sich andere Teammitglieder hundertprozentig verlassen können. Je virtuoser jemand Bass spielt, desto mehr weiß er den Beitrag kreativer, hoch kommunikativer oder eher theoretisch begabter Teammitglieder zu schätzen.

DREI IMPULSE FÜR SIE ALS BASS IM TEAM

Mund auf und sich einmischen! Das Schneckenhaus ist Ihre Komfortzone. Diskutieren Sie mit, denn sonst entscheiden andere!

Auch mal fünf gerade sein lassen! Regeln und gut organisierte Abläufe sind wichtig – doch manchmal ist Flexibilität gefragt, damit es weitergeht.

Anderen zuhören! Ein Bass glaubt schnell, dass die Ideen anderer praktisch nicht umsetzbar sind. Entwickeln Sie ein offenes Ohr!

VON ENTHUSIASTISCH ZU INSPIRIEREND: DIE TROMPETE

»Ich liebe das Phänomen Musik selbst. Die europäische Tradition, die Vielfalt, der Variantenreichtum und die Wirkungskraft auf den Menschen begeistern mich.«
Ludwig Güttler, Trompetenvirtuose

Die Trompete im Team ist eine begeisterte und optimistische Entdeckerin. Sie liebt es, Musikstücke zu entdecken, zu verändern und aufzuführen. Trompeten nehmen Ideen auf und motivieren das Team.

Stärken der Trompete:
- *Begeisterung und Motivation*
- *Offenheit für Neues*
- *rhetorisches Geschick*
- *guter Umgang mit Menschen*

Schwächen der Trompete:
- *Übermotivation und zu großer Optimismus*
- *Nachlässigkeit und Unbekümmertheit*

Wie gut spielen Sie in einem Team als Trompete? Schätzen Sie Ihre Fähigkeiten spontan auf einer Skala von 1 bis 15 ein!

1	2	3	4	5	6	7	8	9	10	11	12	13	14	15
Einsteiger					Fortgeschrittene					Teamvirtuosen				

The heat of the moment: die Trompete als Einsteigerin

Als Einsteigerin ist die Trompete unruhig bis hyperaktiv, dabei gleichzeitig leicht zu begeistern. Wird jemand im Team scherzhaft als »unser ADHS-Kind« bezeichnet, dann kann das nur eine Einsteigertrompete sein. Auf dem Einsteigerlevel sind Trompeten nicht nur hibbelig, sondern auch laut. Die anderen Teammitglieder hören immer, wo die Trompete sich gerade aufhält. Wenn sie redet, dann ist sie im ganzen Raum zu hören – auch in einem Großraumbüro. Einsteigertrompeten sind wie ein ungelenktes Projektil, das abgefeuert wurde und nicht weiß, wo es hin will. Immer ist diese Trompete auf der Suche nach Neuigkeiten oder etwas Aufregendem. Am Computer switcht sie zwischen ihrer eigentlichen Arbeit und Websites wie Facebook, Twitter oder Google News hin und her. Zwischendurch greift sie dann noch zum Smartphone. Die Einsteigerin unter den Trompeten weiß oft nicht, wohin mit ihrer Aufmerksamkeit.

Was die Trompete aufgenommen hat, möchte sie mit anderen teilen. In Teamdiskussionen bringt sie deshalb viele Ideen ein. Doch auf dem Einsteigerlevel ist es oft einfach zu viel des Guten. Dann bringt die Trompete ständig neue Aspekte ins Spiel und führt keinen ihrer Gedanken zu Ende. Wenn es um Spaß und Humor geht, ist eine solche Trompete immer vorne mit dabei. Sie spielt anderen Teammitgliedern auch gerne kleine Streiche. Und es ist ihr egal,

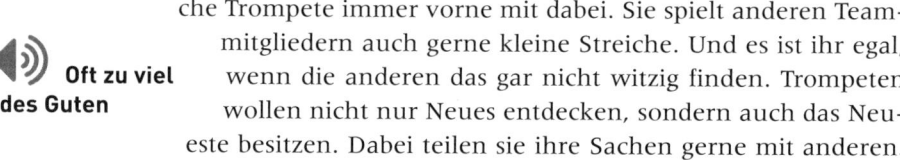 **Oft zu viel des Guten** wenn die anderen das gar nicht witzig finden. Trompeten wollen nicht nur Neues entdecken, sondern auch das Neueste besitzen. Dabei teilen sie ihre Sachen gerne mit anderen. Die Einsteigertrompete erwartet allerdings auch viel Aufmerksamkeit. Lob und Anerkennung kann sie gar nicht genug bekommen.

Herausforderungen für die Trompete als Einsteigerin

Die größte Herausforderung für die Einsteigertrompete besteht darin, ihren Enthusiasmus zu kontrollieren und die Energie gezielter einzusetzen. Wenn sie sich ihrer eigenen Unruhe bewusst wird, dann kann sie hin und wieder innehalten und sich fragen: Was suche ich gerade eigentlich? Oder: Was mache ich jetzt am besten als Erstes? Mehr und mehr erkennt sie dann auch, was die anderen Teammitglieder von ihr brauchen. Auf dem Weg zur fortgeschrittenen Trompete fragt sie sich immer mehr: Was ist relevant? Was kann ich beitragen, damit wir gemeinsam unser Ziel erreichen?

Während die Trompete am Anfang oft ein echter »Get-it-Freak« sein kann und alles sofort haben will, muss sie in dieser Teamrolle lernen, ihre Wünsche mehr zu kontrollieren. Das gilt natürlich besonders, wenn die Ausgaben zulasten des gesamten Teams oder der Firma gehen. Je fortgeschrittener eine Trompete ist, desto eher kann sie auf die neueste Version eines Smartphones oder auf ein Software-Upgrade auch einmal warten. Eine weitere große Herausforderung für die kaum entwickelte Trompete besteht darin, sich weniger ablenken zu lassen. Die Trompete lernt dann, an einer Sache länger dranzubleiben, bevor sie sich wieder anderen Dingen zuwendet. Das hat mit dem Energielevel und dem Umgang mit den eigenen Ressourcen zu tun. Viel Energie, gute Laune und Lebendigkeit bringt eine Trompete immer ins Team. Je besser die Fertigkeiten einer Person auf diesem Instrument sind, desto kontrollierter und zielgerichteter läuft das ab.

Risiken und Fallen für die Trompete als Einsteigerin

Die große Gefahr für eine ungeübte Trompete besteht darin, an der Oberfläche zu bleiben. Eine Trompete legt von Anfang an ein hohes Tempo an den Tag – viele Ideen, viele Themen, viele Geschichten, viele Witze und, ja, auch viele Einkäufe. Da können sich die anderen Teammitglieder schon mal fragen: Denkt die überhaupt nach? Wenn die Trompete Pech hat, wird sie als Leichtgewicht eingestuft: nett und witzig, aber nicht so richtig ernst zu nehmen. Das ist schlimm für die Trompete, denn sie möchte ja gerne Anerkennung bekommen.

Vermeintliche Oberflächlichkeit kann für die Trompete zur Falle werden.

Ein weiteres Risiko für die Einsteigertrompete liegt in ihrer Impulsivität und Unbekümmertheit. Die anderen Teammitglieder können die Trompete als kindisch und egozentrisch – nicht egoistisch – empfinden. Sie sieht sich als Mittelpunkt der Welt und kümmert sich nicht so sehr um Verbindlichkeit und Verlässlichkeit. Vor allem in größeren Organisationen kann sie so auch leicht den Ruf bekommen, opportunistisch zu sein. Wenn die Trompete zu egozentrisch ist, dann erwartet sie auch immer Lob und Anerkennung von anderen, ohne umgekehrt deren Leistungen ausreichend zu würdigen. Das kann zu schlechter Stimmung und zu Frust führen.

Übungen für die Trompete als Einsteigerin

Der Trompete auf dem Einsteigerlevel tut alles gut, was ihr hilft, Prioritäten zu setzen. Damit kann die Trompete im Kleinen anfangen. Etwa, indem sie ihre Ausgaben plant: Welche Anschaffungen sind wirklich sinnvoll? Was brauche ich sofort und was kann warten? Wann ist genug Geld da? Anschaffungen schriftlich zu planen, hilft der Trompete, nicht mehr so impulsiv zu sein. Nun fällt es der Trompete allerdings sehr schwer, sich alleine zu verbessern. Viel lieber tut sie sich mit anderen zusammen. Ein »Buddy-System« im Team ist deshalb ideal für sie. Am besten tut sich die Trompete mit einer nüchternen, analytischen Harfe zusammen, um bessere Prioritäten zu setzen. Trompete und Harfe können sich dann zum Beispiel einmal die Woche zusammensetzen, um die Teamziele zu besprechen und gemeinsam Prioritäten bei der Umsetzung zu setzen.

Ein weiteres sehr lohnendes Übungsfeld für die Einsteigertrompete ist es, ihre vielen Ideen, Informationen, Bilder, Modelle und Geschichten zu archivieren. Eine kostenlose Notizsoftware wie *Evernote* oder *Microsoft OneNote* ist dafür ideal. Mit einem Klick können hier Webseiten, E-Mails, Fotos, Listen, Zitate, Grafiken und natürlich alle möglichen eigenen Notizen gespeichert werden. Angenehm für die Trompete ist es, dass sich in diesen Programmen mit einem Minimum an Struktur alles wiederfinden lässt. Mit einem Ideenspeicher schafft sich die Trompete eine Toolbox, die ihr großes Improvisationstalent unterstützt. Ohne diese Toolbox erinnert sie sich zwar immer an irgendwas, das sie einmal gelesen hat, kann aber nicht allzu viele

Details angeben. Mit einem digitalen Ideenspeicher kann die Trompete sowohl schnell Ideen beisteuern als auch auf Wunsch genauere Informationen geben.

Mehr Übungen für die Trompete als Einsteigerin finden Sie online. Folgen Sie einfach dem QR-Code am Rand dieser Seite.

Come on everybody let's rock: die Trompete als Fortgeschrittene

Eine fortgeschrittene Trompete hat nicht nur gute Laune, sondern verbreitet sie auch. Sie ist in der Lage, das Team zu motivieren. Weil sie nicht mehr so egozentrisch ist, sieht die Trompete jetzt, was andere gerade brauchen. Sie gibt dem Team wertvolle Impulse. Ihr Enthusiasmus paart sich mit Realismus. Die Trompete hat gelernt, dass es auch andere Perspektiven gibt als den Blick durch die rosarote Brille. Sie ist ruhiger geworden und kann warten, bis sie an der Reihe ist. Sobald sie die Aufmerksamkeit der anderen Teammitglieder hat, äußert sie ihre Ideen oder macht gezielt einen Vorschlag. Gleichzeitig ist sie überall zur Stelle, wo etwas anbrennt und Improvisation angesagt ist. Sie rettet insbesondere Hörner und Harfen, wenn deren Pläne nicht funktionieren.

Tatkraft und Motivation geben dem Team Impulse.

Die weit fortgeschrittene Trompete lenkt Tatkraft und Inspiration ins Team. Sie agiert dabei nicht mehr sprunghaft, sondern hat die Teamziele im Blick. Sie ist kommunikationsstark und kann andere mitreißen, ohne diese vor den Kopf zu stoßen. Anders als das Klavier, das am liebsten delegiert, bringt die Trompete immer auch ihre eigene Tatkraft mit ein. Ihre Energie wirkt positiv auf andere und ihr Humor lockert die Arbeit wirklich auf, ohne den anderen auf die Nerven zu gehen. Auch eine fortgeschrittene Trompete ist sehr auf Lob und

Anerkennung aus. Allerdings baut sie sich bereits ein Netzwerk aus positiven zwischenmenschlichen Beziehungen auf.

Herausforderungen für die Trompete als Fortgeschrittene

Dranbleiben heißt eine große Herausforderung für fortgeschrittene Trompeten: *Stick to the plan* – nicht immer wieder etwas Neues anfangen. Trompeten langweilen sich schnell. Eine Trompete sollte lernen, dass es auch dort noch viel zu entdecken gibt, wo sie glaubt, sich schon auszukennen. So kann die Trompete in einem Plan immer neue Details entdecken oder bei einem Projekt, das schon lange läuft, doch noch einmal neue Impulse geben. Je besser die Trompete in ihrer Rolle wird, desto mehr kann sie ihre Sprunghaftigkeit in eine gelenkte Spontaneität umwandeln. Hier das richtige Maß zu finden, ist eine große Herausforderung. Im Zusammenspiel mit einem Bass gelingt das Dranbleiben besonders gut.

Eine weitere Herausforderung für die fortgeschrittene Trompete besteht darin, die übergeordneten Teamziele im Blick zu behalten und sich möglichst wenig ablenken zu lassen. Das bedeutet, die eigenen Neigungen und Interessen bei der Suche nach Neuigkeiten zurückzuschrauben. Dafür sollte sie die eigene Entdeckungsfreude mehr und mehr in den Dienst des Teams stellen: Was brauchen die anderen Teammitglieder jetzt als Anregung, um den nächsten Schritt zu gehen? Die spontane Suche nach neuen Ideen braucht nie ganz aufgegeben zu werden. Eine fortgeschrittene Trompete weiß jedoch, dass Spontaneität nicht immer effizient ist. Wo liegt die richtige Balance aus Spontaneität und Struktur? Das muss die Trompete herausfinden!

 **Dranbleiben und Dinge zu Ende bringen!**

Risiken und Fallen für die Trompete als Fortgeschrittene

Eine fortgeschrittene Trompete ist extravertiert, eloquent und kann sich gut »verkaufen«. Da kann es schnell passieren, dass sie bei anderen im Team als arrogant gilt. Das gilt insbesondere, wenn die Trompete immer noch ziemlich egozentrisch ist und mehr Lob und Anerkennung von anderen erwartet, als sie selbst bereit ist, an positivem Feedback zu geben. Auch mit der Neigung der Trompete zur Nachlässigkeit können sich andere im Team – vor allem Harfen, Hörner und Bässe – schwertun. Die Trompete kommt gerne mal zu spät und hat immer eine launische Ausrede parat, wenn ihr etwas misslingt. Da muss die Trompete aufpassen, dass sie andere nicht vor den Kopf stößt.

Einer Trompete scheint vieles mit Leichtigkeit zu gelingen. Wo andere tagelang an ihrer *PowerPoint*-Präsentation feilen, da stellt sie sich einfach hin und redet drauflos. Mit ein paar Anekdoten aus dem Stegreif bringt sie nicht nur ihre Botschaft rüber, sondern begeistert die Zuhörer sogar. So etwas kann Neid erzeugen. Mit ihrer freundlichen Art und ihrem kommunikativen Geschickt sollte es der Trompete jedoch gelingen, auch mit den »fleißigen Bienchen« im Team gut auszukommen und Neidgefühle gar nicht erst aufkommen zu lassen. Eine Falle bleibt das Thema Anerkennung. Viele Trompeten in Teams leiden unter zu wenig Anerkennung und merken nicht, dass es damit zu tun hat, wie wenig sie sich selbst mit anderen beschäftigen und ihnen gegenüber Wertschätzung ausdrücken.

Übungen für die Trompete als Fortgeschrittene

Für eine fortgeschrittene Trompete ist es eine sehr gute Übung, die Kunst des Networking zu erlernen. Kontakte zu knüpfen fällt einer typischen Teamtrompete sehr leicht. Doch das allein ist noch kein Networking! Beim professionellen Netzwerken kommt es darauf an, Kontakte auch zu pflegen. Die hohe Kunst des Networking hat mit der Balance aus Geben und Nehmen zu tun. Um diese Balance zu wahren, ist es nötig, auf **Echtes Networking will** ein »Beziehungskonto« erst einmal einzuzahlen, bevor **geübt sein.** man davon abhebt. Social Media wie *Xing, Linked-in* oder *Facebook* sind ein ideales Übungsgelände, um gezielt ein funktionierendes Netzwerk zu bauen. Mein Tipp für fortgeschrittene Trompeten: Reduzieren Sie Ihre *Xing*- und *Facebook*-Kontakte radikal! Es ist besser, 50 *Xing*-Kontakte zu haben, bei denen man sich regelmäßig meldet, als 2000 Kontakte, mit denen überhaupt kein echter Austausch stattfindet.

Gezielt ein Netzwerk bauen heißt: Erst mal die Ziele in den Blick nehmen. Was soll das Netzwerk am Ende bringen? Was erwarte ich und was bin ich bereit zu geben? Am besten machen Sie als Trompete dazu einen Plan mit Meilensteinen für die nächsten drei, fünf und zehn Jahre. Ja, das ist schwierig! Aber es lohnt sich. Wenn Sie Networking üben, ist es wichtig, nicht zu schnell zu viel zu erwarten. Es gibt Leute, die löschen *Xing*-Kontakte wieder, weil da nach drei Monaten noch kein Auftrag zustande gekommen ist. Lernen Sie Geduld beim Networking! Melden Sie sich jede Woche bei einigen Ihrer Kontakte. Tragen Sie sich das fest in den Terminkalender ein. Ein echtes, lohnendes Netzwerk ist immer nur so groß, dass Sie regelmäßig zu allen den Kontakt halten können.

 **Mehr Übungen für die Trompete als Fortgeschrittene finden Sie online. Folgen Sie einfach dem QR-Code am Rand dieser Seite.**

You raise me up: die Trompete als Teamvirtuosin

Die virtuose Trompete ist vor allem eines: inspirierend. Sie verbreitet nicht einfach ein bisschen gute Laune. Nein, sie inspiriert ihr Team, zur richtigen Zeit die richtigen Dinge zu tun. Sie gibt Impulse zur Weiterentwicklung. Eine virtuose Trompete im Team hat gleich in mehrerer Hinsicht ihre Balance gefunden: Sie ist optimistisch, ohne unrealistisch zu sein. Sie ist lebhaft, ohne Unruhe zu verbreiten. Und sie befriedigt ihre eigenen Bedürfnisse, ohne die Bedürfnisse anderer zu übergehen. Eine virtuose Trompete versteht es außerdem, sich zu profilieren, ohne arrogant zu wirken. Sie sieht die anderen Menschen in ihrer Umgebung und kommuniziert geschickt mit ihnen. Deshalb gönnen andere ihr den Erfolg. Die virtuose Trompete findet problemlos Unterstützer.

Virtuose Trompeten sind dafür prädestiniert, ein Team nach außen zu vertreten. Sie verstehen es, Kundenkontakt zu halten oder große Gruppen zu inspirieren. Man findet sie als Presseleute großer Unternehmen, als Marketingdirektoren und natürlich als Keynote-Sprecher auf der Bühne. Auch Top-Verkäufer sind oft virtuose Trompeten. Sie sind eloquent, haben an ihrer Rhetorik und ihrer Körpersprache gefeilt und beherrschen das Spiel mit der Sprache. Oft zeichnet sie ein intelligenter Witz aus. Sie haben ein großes Repertoire an Anekdoten und Geschichten, mit denen sie ihre Argumente veranschaulichen können. Anerkennung ist der virtuosen Trompete nicht mehr ganz so wichtig. Sie kann damit leben, wenn drei von vier ihrer Vorschläge abgelehnt werden. Hauptsache, es ist was Passendes dabei.

Das Team nach außen zu vertreten, ist eine Kunst, die die Trompete beherrscht.

Herausforderungen für die Trompete als Teamvirtuosin

Eine große Herausforderung für die virtuose Trompete besteht darin, kritikfähig zu bleiben und auch auf diesem Level weiter Kritik annehmen zu können. Star-Trompeten sind vom Erfolg verwöhnt. Manchmal werden sie mit Anerkennung geradezu überschüttet. Da kommt schnell die Illusion auf, alles richtig zu machen. In Wirklichkeit machen alle Menschen Fehler. Und alle Menschen können sich weiterentwickeln. »In Kritik steckt Musik«, habe ich in meinem ersten Buch geschrieben. Die besten Trompeten sorgen dafür, dass sie ehrliches, kritisches Feedback bekommen. Sie tauschen sich gerne mit Menschen aus, die sich vom Erfolg einer Star-Trompete nicht übermäßig beeindrucken lassen.

Auf dem erreichten hohen Niveau weiter zu üben und die eigenen Fähigkeiten zu verbessern ist eine weitere Herausforderung für die virtuose Trompete. Die Trompete genießt es, wenn ihr alles mit Leichtigkeit gelingt. Doch wer nicht weiter übt, der fällt zurück – das ist ein Grundprinzip. Virtuose Trompeten im Business können sich an den Stars der Musik ein Beispiel nehmen. Denn auch sie üben nach wie vor jeden Tag mehrere Stunden. Anders wären sie nicht in der Lage, das hohe Niveau auf ihrem Instrument zu halten. Da Trompeten nicht gerne alleine arbeiten, tut es den Virtuosen unter ihnen gut, einen Sparringspartner auf ihrem Niveau zu haben.

Risiken und Fallen für die Trompete als Teamvirtuosin

Die größte Falle für eine Star-Trompete besteht darin, abzuheben. Hier gilt es, bodenständig zu bleiben. Virtuose Trompeten bekommen viel Applaus und genießen diesen auch. Da besteht immer eine gewisse Gefahr, Star-Allüren zu entwickeln. Wer sich einen Ruf als »Diva« erwirbt, verbaut sich viele Chancen in der Zusammenarbeit mit anderen. Es hilft der virtuosen Trompete, Dankbarkeit zu empfinden und zu zeigen. Auch viele Weltstars der Musik äußern in Interviews immer wieder, wie dankbar sie allen sind, die ihnen ihren Weg ermöglicht haben: Lehrern, Familienmitgliedern, Mentoren, Sponsoren und nicht zuletzt dem Publikum.

 **Immer schön auf dem Teppich bleiben!**

Virtuose Trompeten können aktiv etwas dafür tun, dass sie auf dem Teppich bleiben. Zum Beispiel, indem sie viel Zeit mit der Familie, insbesondere mit Kindern, verbringen. Oder indem sie sich für soziale Projekte engagieren. Nicht nur in Form von Geldspenden, sondern tatsächlich mit ihren Ideen und ihrer Tatkraft. Zur Bodenständigkeit kann ebenso beitragen, eher auf einem Dorf zu wohnen als in einem Villenviertel. Die Star-Trompete muss auch nicht unbedingt einen Ferrari fahren – ein praktischer Van reicht ja auch und wirkt auf die meisten Leute viel sympathischer. Es gibt etliche extrem erfolgreiche Menschen, darunter zahlreiche Trompeten und Trommeln, die privat überraschend bescheiden leben. Das hält sie auf dem Boden.

Übungen für die Trompete als Teamvirtuosin

Eine gute Übung für eine virtuose Trompete ist es, den Menschen in ihrem mittlerweile großen Netzwerk etwas zurückzugeben. Gerade sehr erfolgreiche Trompeten können für ihr Netzwerk regelrechte Ideengeber und Inspiratoren sein. Wissen zu teilen, liegt der Trompete ohnehin. Als Virtuosin kann sie sehr nützliches Wissen vielen Menschen zugänglich machen und diesen damit helfen, sich weiterzuentwickeln. Beispielsweise, indem die Trompete Bücher schreibt, oder durch kostenlose Auftritte oder Workshops für den guten Zweck. Das Engagement für sozial Benachteiligte ermöglicht virtuosen Trompeten, immer wieder etwas an andere weiterzugeben.

 **Wer sich eine gewisse Bodenständigkeit bewahrt, ist allseits beliebt.**

Mentoring – und zwar »echtes« Mentoring ohne Gegenleistung – ist ein weiteres hervorragendes Übungsfeld für virtuose Trompeten. Sich um junge Talente kümmern und diesen den Weg ebnen – das können virtuose Trompeten. Dabei kommt ihnen ihr großes Netzwerk zugute. Mentoring heißt ja oft schon, jemanden zur rechten Zeit mit den richtigen Leuten bekannt zu machen. Dafür haben Trompeten ein Händchen. Überhaupt basiert das Networking der virtuosen Trompete darauf, Win-win-win-Situationen zu schaffen. Dabei liegt der eigene Gewinn oft »nur« noch in der Freude daran, etwas Gutes zu tun. Dieses Teilen und Weitergeben ist jedoch eine echte Sinnerfahrung.

Mehr Übungen für die Trompete als Teamvirtuosin finden Sie online. Folgen Sie einfach dem QR-Code am Rand dieser Seite.

Round-up: der Entwicklungsweg der Trompete

Optimistisch, entdeckungsfreudig und kommunikativ ist die Trompete auf allen Entwicklungsstufen. Aus einem ohne Vorwarnung ausbrechenden Vulkan wird jedoch mehr und mehr ein Kraftwerk, das dem Team beständig und verlässlich Energie spendet. Der Umgang mit Menschen und Ideen wird bei der Trompete zunehmend professioneller und nuancierter. Ist das Auftreten der Trompete anfangs laut – für viele entschieden zu laut –, so wirkt sie gegen Ende ihres Entwicklungswegs auf die meisten Menschen erfrischend und belebend. Sofern sie sich eine gewisse Bodenständigkeit bewahrt, kann sie allseits beliebt sein.

Auf der psychischen Ebene zieht die Rolle der Trompete vor allem sehr extravertierte Menschen an. Herzlichkeit und eine gewisse Unbekümmertheit zeichnet viele aus, die sich als Trompete im Team wohlfühlen. Manchmal werden sie am Anfang von den anderen als ein wenig naiv angesehen und noch nicht so richtig ernst genommen. Bei Menschen, die gerne Trompete spielen, verläuft die Persönlichkeitsentwicklung über die Jahre oft so, dass sie reifer, leiser und seriöser werden, sich auf einer gewissen Ebene aber immer ihre jungenhafte Unbekümmertheit und ihre Neugier bewahren. Ein Team kann davon enorm profitieren – besonders, wenn die Arbeit droht, zur Routine zu werden.

DREI IMPULSE FÜR SIE ALS TROMPETE IM TEAM

Dosieren Sie Ihre Auftritte! Weniger ist mehr – je zielgerichteter Sie sich einbringen, desto besser.

Setzen Sie Prioritäten! Nicht alles ist gleich wichtig – auch wenn Ihnen alles gleich interessant erscheint.

Geben Sie mehr als nötig! Wenn Sie Ihr Wissen jederzeit teilen und anderen Feedback und Anerkennung geben, kommen Sie in den Fluss.

VOM DRUCKMACHER ZUM TAKTGEBER: DIE TROMMEL

»Es geht nicht um Geschwindigkeit an sich, sondern darum, jedes Tempo zu meistern.«

Ulf Wakenius, Gitarrist

Die Trommel im Team ist eine aktive und handlungsorientierte Antreiberin. Sie möchte das Tempo eines Musikstücks bestimmen. Konflikte scheut sie nicht. Unter Druck läuft sie zur Hochform auf.

Stärken der Trommel:

- *hohe Motivation und Handlungsorientierung*
- *Power und Durchhaltevermögen*
- *ausgeprägtes Selbstbewusstsein*
- *Risikofreude und Kampfgeist*

Schwächen der Trommel:

- *Ignoranz gegenüber Bedenken und Alternativvorschlägen*
- *Ungeduld und Streitsucht*

Wie gut spielen Sie in einem Team als Trommel? Schätzen Sie Ihre Fähigkeiten spontan auf einer Skala von 1 bis 15 ein!

1	2	3	4	5	6	7	8	9	10	11	12	13	14	15
Einsteiger					Fortgeschrittene					Teamvirtuosen				

Love is a battlefield: die Trommel als Einsteigerin

Als Einsteigerin wirkt die Trommel ziemlich angespannt. Sie verbreitet schnell eine aggressive Grundstimmung. Ständig scheint sie darauf aus zu sein, sich mit anderen zu messen – und sei es während einer kurzen Fahrt auf der Autobahn. Dabei will sie immer gewinnen! Egal, welche Sportart sie betreibt – die Trommel im Team liebt Sport –, ein zweiter Platz kommt für sie nicht infrage. Bei der Olympiade in Sotchi war ein holländischer Eisschnellläufer 0,003 Sekunden langsamer als der Goldmedaillengewinner – und statt sich über die Silbermedaille zu freuen, machte er tagelang ein Gesicht, als sei gerade die Welt untergegangen. Typisch Trommel! Andere an sich vorbeiziehen zu lassen, ist in der Rolle der Trommel nicht vorgesehen.

 **Die Trommel als Energieversorgerin im Team** Von Anfang an ist die Trommel eine Energieversorgerin im Team. Sie macht Druck und sorgt für Tempo. Anders als die Trompete ist sie dabei klar zielorientiert: Was geht als Nächstes? Wo kann ich besser sein als andere? Als Einsteigerin hat die Trommel den Rest des Teams noch nicht sehr im Blick. Ihre Energie steckt die anderen eher zufällig an. Oft sind diese Trommeln sogar Einzelgänger. Als Verkäufer oder Regionalleiter rasen sie über die Autobahn von Kunde zu Kunde und wollen aus jeder Verkaufsverhandlung als Sieger hervorgehen. Wenn etwas nicht perfekt läuft, kann die Einsteigertrommel die Kontrolle verlieren und richtig böse werden. Auch ist sie manchmal nachtragend. Sie macht selten den ersten Schritt zu einer Aussprache. Ihr Motto könnte lauten: Ganz oder gar nicht!

Herausforderungen für die Trommel als Einsteigerin

Als Einsteigerin sollte die Trommel zunächst lernen, andere im Team nicht zu verletzen. Sie tut das meistens unabsichtlich. Eigentlich hat sie gar nichts gegen die anderen, doch ihr Ehrgeiz und ihr Handlungsdrang lassen sie egoistisch und rücksichtslos erscheinen. Oft versteht die Trommel gar nicht, was die anderen für ein Problem haben. Sie will es ja nur so gut wie möglich machen, um auf Platz 1 zu kommen.

Die Trommel muss lernen, dass der Preis für einen Sieg zu hoch sein kann. Auf dem Weg zur fortgeschrittenen Trommel denkt sie dann zunehmend in Aufwand und Ertrag statt in Sieg und Niederlage. Dabei kann eine Harfe ihr behilflich sein.

Eine weitere Herausforderung für die Einsteigertrommel besteht darin, ihren On-off-Schalter durch einen Regler zu ersetzen. Sie merkt, dass die Alternative nicht immer heißen kann: voll Power zum Erfolg – oder frustriert hinwerfen. Eine Trommel muss zunächst ihre eigene Energie besser dosieren lernen. Im nächsten Schritt sollte sie ihre Aufmerksamkeit mehr dem Team zuwenden. Sie fragt sich dann, wie hoch die Latte tatsächlich sein darf, damit das gesamte Team ein Ziel erreichen kann. Sie lernt, dass die anderen ihr Bestes geben können, selbst wenn sie nicht ihr Letztes geben. Und was ist, wenn die Trommel diesen Teamrealismus besitzt? Dann treibt sie die anderen an, sich doch noch etwas mehr anzustrengen als gewohnt!

Risiken und Fallen für die Trommel als Einsteigerin

Zu hoher Druck, zu viel Spannung – so lässt sich das große Risiko für die Trommel als Einsteigerin beschreiben. Ein Bogen, den man überspannt, verliert seine Spannung und wird unbrauchbar. Das sollte sich auch die Trommel vor Augen führen. Im Leistungssport sind Regenerationsphasen Pflicht. Die Trommel im Team muss regenerieren – und auch den anderen Pausen gönnen. Eine Trommel unter Hochdruck wirkt auf viele Menschen unangenehm aggressiv. Tatsächlich kann eine Trommel, die die Beherrschung verliert, herumtoben wie die Fußballtrainer Marco van Basten oder Jürgen Klopp nach einer Fehlentscheidung des Schiedsrichters.

Wobei die Trommel natürlich selbst bestimmt, was eine »Fehlentscheidung« ist – das wird sie sicherlich nicht anderen überlassen.

🔊 **Achtung: das Team nicht verprellen!**

Da lauert auch schon die nächste Falle: Rechthaberei und Intoleranz. Wenn es eine Einsteigertrommel nicht auf Platz 1 schafft, sucht sie schnell nach Schuldigen im Umfeld: Warum hat das

Team nicht mitgezogen? Wieso haben die anderen nicht gemacht, was ich gesagt habe? Wenn die Trommel ihr Team nun auf eine platte Art und mit deftigen Worten zurechtweist, wird sie das Gegenteil einer Leistungssteigerung erreichen. Die anderen Teammitglieder bekommen Angst und gehen keine Risiken mehr ein. Sie schauen nicht mehr auf die Ziele, sondern versuchen, es der jähzornigen Trommel recht zu machen. Doch die Trommel hasst Anpasser und Duckmäuser! So kann ein Teamkonflikt schließlich eskalieren.

Übungen für die Trommel als Einsteigerin

Die beste Übung für die Trommel als Einsteigerin ist es, an ihrer langfristigen Zielerreichung zu arbeiten. Die Trommel setzt sich hohe Ziele und besitzt den Ehrgeiz und die Willenskraft, diese zu erreichen. Sie kann üben, dabei nicht übertrieben kämpferisch, sondern besser methodisch vorzugehen. Schriftliche Zielarbeit ist angesagt. Erste Frage: Welche langfristigen Ziele sind zu erreichen? Diese großen Ziele als Richtungsanzeiger gilt es dann in Ziele nach der SMART-Formel aufzuteilen. (SMART steht für: spezifisch, messbar, akzeptiert, realistisch, terminiert. Bei konsequenter Anwendung der SMART-Formel ergeben sich klare, messbare und überprüfbare Ziele.)

Im dritten Schritt werden aus den SMART-Zielen dann konkrete, ergebnisorientierte Vereinbarungen abgeleitet. Daraus ergeben sich Absprachen für den Alltag. Die Trommel lernt am besten, sich mit den anderen Teammitgliedern besser abzustimmen, indem sie über gemeinsame Ziele und die dafür nötigen konkreten Schritte spricht. Die Trommel sollte sich zu Übungszwecken stets viele Notizen machen: Was muss bis heute in einer Woche geschehen sein? Welchen Kollegen rufe ich in drei Wochen an, um nachzufragen? Neben den Teamzielen gibt es auch persönliche Ziele, die eine Trommel effektiver verfolgen kann. Viele Zeitmanagementbücher geben dazu Anregungen.

 **Mehr Übungen für die Trommel als Einsteigerin finden Sie online. Folgen Sie einfach dem QR-Code am Rand dieser Seite.**

I've got the power: die Trommel als Fortgeschrittene

Eine fortgeschrittene Trommel polarisiert weniger, sucht weniger Streit und handelt sich weniger Ärger ein als eine Einsteigerin. Im besten Fall wirkt sie auf die anderen Teammitglieder ehrlich und offenherzig. Sie wird oft gerade wegen ihrer direkten Art geschätzt. »Klartext« oder »klare Kante« heißt es dann vielleicht über den Kommunikationsstil der Trommel. Die Energie einer fortgeschrittenen Trommel wird von vielen bewundert und macht kaum noch jemandem Angst. Tatsächlich können fortgeschrittene Trommeln auf Erfolge zurückblicken, von denen auch andere profitiert haben. Sie sehen ihr Team und nehmen es ernst. Allerdings fordern sie Leistung ein, vor allem von Geigen und Gitarren. Sie sind imstande, ihr Team zu aktivieren und zu motivieren, um Ziele zu erreichen.

Ehrlich, direkt und aktivierend – so erreicht man Ziele.

Eine fortgeschrittene Trommel ist nicht nur selbst in Bewegung, sondern sorgt auch für Bewegung. Ihre Konfliktbereitschaft wird im Team durchaus geschätzt. Oft holt die Trommel für die anderen die Kohlen aus dem Feuer. Ihre unbestreitbaren Erfolge machen die fortgeschrittene Trommel auf realistische Weise selbstbewusst. Mit Niederlagen hat sie gelernt umzugehen. Weit fortgeschrittene Trommeln können sogar öffentlich zugeben, dass ein Teil ihrer Pläne nicht funktioniert hat. Sie werden die Geschichte ihres Scheiterns jedoch immer so erzählen, dass sie daraus gelernt haben und schließlich gestärkt aus der Sache hervorgegangen sind. Denn die Nummer 1 sein möchte die Trommel nach wie vor – gerne gemeinsam mit ihrem Team – sein.

Herausforderungen für die Trommel als Fortgeschrittene

In der Zusammenarbeit im Team liegen die größten Herausforderungen für eine fortgeschrittene Trommel. Sofern die Einsteigertrommel als Einzelkämpferin unterwegs war, lernt sie auf diesem Level überhaupt erst richtiges Teamplay. Besonders der Umgang mit Teammitgliedern, die nicht so zielorientiert und willensstark sind wie sie selbst, bedeutet für die Trommel eine Geduldsprobe. Den Beitrag von Geigen, Hörnern und Harfen sollte sie sich genauer anschauen und zu schätzen lernen. Eine Geige an ihrer Seite kann der Trommel sogar helfen, diplomatischer und toleranter aufzutreten. Teameffektivität steht nun im Mittelpunkt. Die fortgeschrittene Trommel sollte ihren eigenen Ehrgeiz auch einmal dem Team unterordnen können.

Die Trommel ist die risikofreudigste Teamrolle. Auf dem fortgeschrittenen Level geht es darum, zunächst das eigene Risiko besser einzuschätzen. Risiken zu vermeiden muss nicht Feigheit bedeuten, sondern kann auch einfach vernünftig sein. Das lernt die Trommel jetzt. Auch wird sie toleranter gegenüber weniger risikofreudigen Teammitgliedern. Sie hört sich zum Beispiel die Bedenken einer Harfe geduldig an und ist bereit, darüber nachzudenken – statt sofort auf die »ewigen Bedenkenträger und Bremser« zu schimpfen. Die Trommel kann auf diesem Level lernen, lange im Voraus zu planen. Sie versteht es immer besser, ihre eigenen Kräfte und die Ressourcen ihres Teams richtig zu dosieren.

Risiken zu vermeiden, muss nicht immer Feigheit sein.

Risiken und Fallen für die Trommel als Fortgeschrittene

Eine fortgeschrittene Trommel handelt sich nicht mehr so leicht Ärger ein wie eine Einsteigerin. Trotzdem muss die Trommel aufpassen: Steuerhinterziehung im großen Stil wird zum Beispiel härter bestraft als Falschparken auf Behindertenstellplätzen! Eine Trommel lebt gerne nach ihren eigenen Regeln und fühlt sich stark, wenn sie sich über Vorschriften hinwegsetzt. Je erfolgreicher sie ist, desto mehr steht sie allerdings auch unter Beobachtung. Da ist es manchmal besser, sich »brav« an die Vorschriften zu halten, als schon wieder eine Anzeige zu riskieren. Oder einen Shitstorm im Internet. Es mit Provokation und unnötiger Polarisierung zu übertreiben, weil sie dem nun einmal nicht widerstehen kann, bleibt eine Gefahr für die Trommel.

Arroganz stellt ein weiteres Risiko für die Trommel dar. Vor allem dann, wenn sie zwar ihre Teamrolle als Siegertyp perfekt spielt, tief in ihrem Inneren aber von Selbstzweifeln geplagt wird. Dann kann sie zur Überkompensation neigen. Sie tritt dann nicht nur großspurig auf, sondern neigt auch extrem zur Rechthaberei. Im schlechtesten Fall werden fortgeschrittene Trommeln irgendwann fanatisch. Sie haben keinen Überblick mehr, sondern entwickeln einen Tunnelblick. Sie kämpfen dann verbissen für den noch größeren Erfolg – und verlieren darüber die Verbindung zu ihrem Umfeld. Sie fühlen sich von Feinden umstellt und sind extrem nachtragend. Manchmal sorgt erst eine Krise dafür, dass diese fehlgeleiteten Trommeln neu nachdenken.

Übungen für die Trommel als Fortgeschrittene

Verhandeln lernen nach der Harvard-Methode ist eine sehr gute Übung für die fortgeschrittene Trommel. Als Einsteigerin sieht die Trommel jeden Verhandlungstisch als einen Kampfplatz, auf dem es nur Sieger und Besiegte geben kann. Das Harvard-Konzept zielt demgegenüber auf Win-win-Situationen: Welche Einigung bedeutet für beide Seiten maximalen Nutzen? Zur Harvard-Methode gehört es auch, Sachebene und Beziehungsebene zu trennen und beide Ebenen zu berücksichtigen. Das Verhandlungsergebnis soll nicht nur sachlich überzeugen, sondern auch beiden Seiten ermöglichen, ihr Gesicht zu wahren. Die Trommel kann hier mehr Empathie lernen.

Sachebene und Beziehungsebene trennen

Rhetorikseminare sind für fortgeschrittene Trommeln ebenfalls sehr empfehlenswert. Klartext reden und eine direkte Sprache sprechen ist schön und gut, hilft aber nicht immer optimal zum Ziel. In einem Rhetorikseminar kann die Trommel lernen, sich nuancierter auszudrücken. Auch an ihrer Körpersprache kann die Trommel arbeiten. So kann sie anderen Menschen viel besser vermitteln, was sie von ihnen erwartet. Wer immer nur laut trommelt, der stößt zu viele vor den Kopf. Das gilt auch bei Diskussionen. Es ist eine sehr gute Übung für die Trommel, in jeder Form von Diskussion – beruflich oder privat – besser zuzuhören, mehrere Blickwinkel zu tolerieren und andere wegen ihrer Meinung nicht so schnell zu verurteilen. Wenn die

Trommel häufig diskutiert, ohne dabei immer das letzte Wort haben zu müssen, kann sie viel lernen.

> **Mehr Übungen für die Trommel als Fortgeschrittene finden Sie online. Folgen Sie einfach dem QR-Code am Rand dieser Seite.**

I can feel your heartbeat: die Trommel als Teamvirtuosin

Die virtuose Trommel ist ein Wachstumsmotor im Team. Sie hat viel erreicht, auf ihrem Weg schon viel gesehen und eine Menge Erfahrung gesammelt. Gerne erzählt sie ihre Erfolgsgeschichte – und lässt dabei auch die Pleiten und Rückschläge nicht aus. Viele erleben sie als offen, authentisch und direkt. Sie hat immer noch Ziele und viele Pläne. Doch alles darf zur rechten Zeit geschehen. Die virtuose Trommel wirkt nicht mehr aggressiv und ungeduldig, dafür bis ins hohe Alter dynamisch. Sie erholt sich ausreichend, achtet auf ihre Gesundheit und bleibt fit. Virtuose Trommeln vertreten klare Positionen. Sie sind oft angenehm provokativ. Als Querdenker mit Herz werden sie allseits respektiert. Schließlich hat der Erfolg ihnen oft Recht gegeben. Eine virtuose Trommel ist tolerant. Sie bleibt bei ihrer Meinung, ohne die Meinungen anderer zu bekämpfen.

Die Trommel kann der Wachstumsmotor im Team sein.

In meinem Buch *Macht Musik* habe ich Ihnen Rob vorgestellt, der Manager bei einem internationalen Hersteller von Medizintechnik ist. Ausgeprägte Willenskraft und Zielorientierung verbinden sich bei ihm mit Lockerheit und guter Laune. Es ist sein Antrieb, kranken Menschen zu helfen. Junge Leute von den *Business Schools* provoziert er gern. Rob möchte Medizintechniker aus Leidenschaft haben. Eigenschaften einer virtuosen Trommel erkenne ich auch bei der niederländischen Politikerin Neelie Kroes. Sie war EU-Wettbewerbskommissarin und ist seit 2010 in Brüssel für die *Digitale Agenda* zuständig. Die überzeugte Liberale wirkt unbestechlich, vertritt klare Positionen und lässt sich von Großunternehmen nicht einschüchtern. Neelie Kroes hat es fertiggebracht, als Vorsitzende der Wirtschaftsuniversität Nijenrode einen Ehrendoktor an Bill Gates zu verleihen – und später als EU-Kommissarin rigoros gegen unlautere Geschäftspraktiken von Microsoft vorzugehen.

Herausforderungen für die Trommel als Teamvirtuosin

Für die weit entwickelte Trommel bleibt es eine Herausforderung, mehr Leichtigkeit zu entwickeln. Irgendwann läuft der Laden ja und viele der großen Ziele sind erreicht. Dann kann auch eine Trommel loslassen. Sie kann lernen, die Arbeit nicht mehr so verbissen zu sehen und auch einmal eine gewisse Lässigkeit an den Tag zu legen. Leichtigkeit bedeutet ja nicht, mit schlechteren Ergebnissen zufrieden zu sein. Spitzenleistungen lassen sich auch mit Gelassenheit erzielen. Vor allem **Entdeckung** dann, wenn man auf seinem Gebiet über viele **der Leichtigkeit** Jahre Erfahrung verfügt.

Auch virtuose Trommeln sollten sich immer wieder fragen, ob sie ihr Team ausreichend sehen. Provokativ in der Sache sein und respektvoll im Umgang mit Menschen – an dieser Balance kann die virtuose Trommel noch feilen. Andere Menschen nicht zu verurteilen und Schwächere nicht links liegen zu lassen, sollte der Trommel irgendwann wirklich am Herzen liegen. Soziales und kulturelles Engagement kann der Trommel helfen, noch mehr auf Menschen einzugehen und ihren Horizont zu erweitern. EU-Kommissarin Neelie Kroes zum Beispiel engagiert sich für die Schriftstellerorganisation *Poets of all Nations,* für eine große psychiatrische Klinik bei Rotterdam sowie für das Rembrandthaus in Amsterdam.

Risiken und Fallen für die Trommel als Teamvirtuosin

Viele virtuose Trommeln können sich mit dem Songtext *I did it my way* von Frank Sinatra gut identifizieren. Ja, sie sind ihren eigenen Weg gegangen! Doch viele andere Menschen haben ihnen dabei geholfen und sie unterstützt. Oft ganz unauffällig im Hintergrund. Eine Gefahr für virtuose Trommeln ist es, das zu vergessen. Sie halten dann Erfolge ausschließlich für ihre persönliche Leistung. Wenn Konzernvorstände auf ihre Jahresgehälter in zweistelliger Millionenhöhe angesprochen werden, dann sagen sie manchmal sinngemäß, es sei schließlich ihnen zu verdanken, dass der Aktienkurs um so und so viel Prozent und der Firmenwert um Hunderte Millionen, wenn nicht Milliarden, gestiegen sei.

So können Trommeln sich selbst überschätzen und die Teamleistung ignorieren. Wer Erfolge als eigene Leistung begreift, der wird schnell arrogant. *Lonely at the top* – das sind virtuose Trommeln manchmal. Die Gefahr besteht dann darin, das als Preis des Erfolgs hinzunehmen, statt alles zu versuchen, um die Einsamkeit an der Spitze zu überwinden. Es ist nie zu spät, auf Menschen zuzugehen. Es ist auch nie zu spät, die Leistungen anderer im Team zu würdigen. Je größer die Erfolge sind, auf die eine Trommel zurückblickt, desto mehr Anerkennung gebührt dem Team. Es gibt virtuose Trommeln, die lassen ihr Team bei jeder Gelegenheit hochleben oder geben Preise, mit denen sie dekoriert werden, symbolisch an ihr Team weiter.

Selbstüberschätzung auf Kosten des Teams

Übungen für die Trommel als Teamvirtuosin

Virtuose Trommeln sollten sich mit Führungsphilosophien beschäftigen und moderne, teamorientierte Ansätze der Führung in ihren Alltag integrieren. Ein sehr guter Ansatz für virtuose Trommeln heißt *Servant Leadership*. Bei dieser von Robert Greenleaf (1904–1990) begründeten Führungsphilosophie ist die Führungskraft nicht Frontmann, sondern Rückgrat des Teams. Der Job des Führenden ist es, den Geführten zu dienen und sie maximal bei ihrer Teamleistung zu unterstützen. Kent Keith, CEO des *Greenleaf Center for Servant Leadership,* bringt es so auf den Punkt: »Ein Servant Leader liebt Menschen und möchte ihnen helfen. Die Mission des Servant Leaders ist es daher, die Bedürfnisse anderer zu identifizieren und zu versuchen, diese Bedürfnisse zu befriedigen.«

Eine weitere sehr gute Übung für virtuose Trommeln ist die Beschäftigung mit Wertesystemen. Trommeln neigen zur Rechthaberei und tun sich mit Toleranz manchmal schwer. Modelle zur Werteanalyse helfen ihnen, in der Tiefe zu verstehen, warum andere Menschen aufgrund anderer Werte anders denken und handeln. Besonders empfehlenswert für Manager ist das Modell *Spiral Dynamics,* das Don Beck und Christopher Cowan erstmals 1996 in dem Buch *Spiral Dynamics: Mastering Values, Leadership and Change* vorgestellt haben. (Die deutsche Ausgabe erschien 2007 im Kamphausen Verlag. Eng verwandt ist das Modell *9 Levels of Value Systems* von Rainer Krumm. Es basiert auf derselben wissenschaftlichen Grundlage.)

Mehr Übungen für die Trommel als Teamvirtuosin finden Sie online. Folgen Sie einfach dem QR-Code am Rand dieser Seite.

Round-up: der Entwicklungsweg der Trommel

Die noch wenig entwickelte Trommel ist kämpferisch und will unbedingt gewinnen. Eine solche Trommel passt beispielsweise ins Team von Start-ups, die schnell Marktanteile gewinnen wollen und dazu aggressive Strategien verfolgen. Da eine Trommel gerne Regelbrecherin ist, fühlt sie sich in jungen, disruptiven Unternehmen wohl. Je **Tempo, Leistung und kalkuliertes Risiko als Vorlieben** erfolgreicher eine Trommel ist und je mehr Verantwortung sie für andere trägt, desto mehr wird sie zum Teamplayer. Im Extremfall wandelt sie sich vom rücksichtslosen Einzelkämpfer zum dynamischen Taktgeber im Team.

Tempo, Leistung und kalkuliertes Risiko bleiben Vorlieben der Trommel. Ihr Auftritt wird jedoch zunehmend verträglicher.

Psychologisch betrachtet ist diese Teamrolle wie geschaffen für dominante und sehr selbstbewusste Menschen. Selten auf den ersten Blick erkennbar ist allerdings, dass dieser Persönlichkeitstyp oft ein tiefes Misstrauen gegenüber anderen Menschen hegt. Deshalb macht so manche Trommel zunächst vieles lieber allein. Und deshalb ist sie auch oft rechthaberisch und intolerant. Dominante, aber misstrauische Menschen, die Trommel spielen, können in dieser Teamrolle lernen, anderen wirklich zu vertrauen. Sie sind in der Lage, ein Team zu schaffen und zu formen, auf das sie sich wirklich verlassen können. Vertrauen ermöglicht schließlich Leichtigkeit und hilft dabei, so manchen überflüssigen Kampf aufzugeben.

DREI IMPULSE FÜR SIE ALS TROMMEL IM TEAM

Formulieren Sie klare Ziele! Auf der Ebene von Zielen lassen sich Erwartungen klären und Konflikte vermeiden.

Beschäftigen Sie sich mit Menschen! Wenn andere sich menschlich gesehen fühlen, werden sie Ihre Rolle als Taktgeber begrüßen.

Entwickeln Sie Vertrauen! Konkurrenzsituationen werden oft unnötig heraufbeschworen. Ein Vertrauensvorschuss beugt dem vor.

VOM KOORDINATOR ZUM TALENTENTWICKLER: DAS KLAVIER

»Wenn man das Organisieren von Konzerten für die Queen und die Wohltätigkeit mal beiseitelässt, ist die Musik immer noch der Grund, warum ich morgens aufstehe.«
Gary Barlow, Popstar

Das Klavier im Team ist ein positiver, ergebnisorientierter Moderator und Koordinator. Es möchte das ganze Orchester zum Klingen bringen. Auf das Team wirkt es motivierend und holt praktische Resultate.

Stärken des Klaviers:
- *natürliche Autorität*
- *Überzeugungskraft im Team*
- *Ergebnisorientierung*
- *Toleranz und diplomatisches Geschick*

Schwächen des Klaviers:
- *Mangel an eigenen Ideen*
- *Hang zur Manipulation*

Wie gut spielen Sie in einem Team als Klavier? Schätzen Sie Ihre Fähigkeiten spontan auf einer Skala von 1 bis 15 ein!

1	2	3	4	5	6	7	8	9	10	11	12	13	14	15
Einsteiger					Fortgeschrittene					Teamvirtuosen				

He makes his stand: das Klavier als Einsteiger

Bereits als Einsteiger wirkt das Klavier im Team seriös und kompetent. Es tritt beherrscht und diszipliniert auf. Oft hat es sich schon vorher überlegt, was es in einer Teambesprechung sagen möchte. Und das ist dann selten etwas Dummes. Allerdings auch keine geniale Idee, wie sie aus Richtung Gitarre oder Trompete kommen könnte. Das Klavier ist so etwas wie der Klassensprecher im Team – aufrichtig, verantwortungsbewusst, zielstrebig und kommunikativ. Klaviere haben eine demokratische Grundeinstellung. Auch im Team mögen sie es demokratisch. Alle sollen zu Wort kommen. Eine Einsteigertrommel mit Alphatiergehabe ist dem Klavier ein Dorn im Auge. Dabei hat das Klavier Willenskraft und Zielorientierung mit der Trommel gemeinsam – nur eben in sanfterer Form.

Aufrichtig, seriös, zielstrebig – wie der Klassensprecher

Auf dem Einsteigerlevel vergisst das Klavier schnell seine demokratischen Ideale, wenn es sich profilieren möchte oder sich mit einem anderen Teammitglied nicht gut versteht. Dann sucht es sich Verbündete und zieht diese geschickt – und nicht immer fair – auf seine Seite. Es kann auch sein, dass das Einsteigerklavier statt mit dem gesamten Team nur mit seinen Lieblingskollegen zusammenarbeiten möchte. Die anderen einzubinden, ist ihm dann zu lästig. Manche Einsteigerklaviere haben einen Hang zur Bequemlichkeit. Sie wissen, wie sie Entscheidungen abkürzen und andere für sich arbeiten lassen können. Auch das ist dann nicht mehr so wirklich demokratisch …

Herausforderungen für das Klavier als Einsteiger

Auf diesem Level sollte das Klavier lernen, Talente zu entdecken. Vor allem die Talente derjenigen Teammitglieder, die dem Klavier weniger sympathisch sind und mit denen es deshalb nicht so gerne zusammenarbeitet. Alle Menschen haben einzigartige Talente – und es sind Klaviere, die das am deutlichsten sehen. Dazu braucht es allerdings eine gewisse Übung. Das Klavier sollte auf Menschen zugehen und lernen, die richtigen Fragen zu stellen. Da das Klavier lieber delegiert als selbst bis zum Umfallen zu arbeiten, hat es ein Händchen dafür, effektive Teams zusammenzustellen. Das gelingt umso besser, je mehr das Klavier die individuellen Stärken der einzelnen Teammitglieder kennt.

Bei allem, was das Klavier tut, ist es wichtig, die Teamziele im Auge zu behalten. Das Klavier sollte sich immer wieder fragen: Was bringt das Team weiter? Wenn das Klavier weiß, wie die Talente im Team verteilt sind, kann es auch immer besser einschätzen, wer im nächsten Schritt welche Aufgabe übernehmen sollte. Das Klavier sollte darauf achten, seine Fähigkeiten als Koordinator den Teamzielen unterzuordnen und jede Delegation einer Aufgabe aus den gemeinsamen Zielen abzuleiten. Alle im Team müssen überzeugt sein, dass es dem Klavier um die Resultate geht. Sonst kommt schnell der Verdacht auf, dass das Klavier es sich zu leicht machen möchte. Und manchmal stimmt das ja auch.

Risiken und Fallen für das Klavier als Einsteiger

Eine große Falle für das Einsteigerklavier besteht darin, das Team nach Lust und Laune für seine persönlichen Ziele einzuspannen, statt gemeinsam die Teamziele zu verfolgen. Das Klavier hat einen Hang zur Manipulation. Es weiß, dass die Trompete zum Beispiel auf Lob und Anerkennung aus ist oder die Geige es harmonisch mag – und es weiß auch, wie es sich so etwas zunutze macht! Gefährlich wird es vor allem, wenn das Klavier anfängt, Einzelgespräche zu führen, damit sich die Teammitglieder in Meetings in seinem Sinne verhalten. Schon so manchem Klavier ist sein kunstvolles Geflecht aus Einzelabsprachen irgendwann um die Ohren geflogen.

Bitte nicht die anderen manipulieren!

Klaviere können einen ausgeprägten Willen zur Macht haben, der sich hinter beherrschtem Auftreten und demokratischer Rhetorik geschickt verbirgt. Da lauert eine weitere Gefahr. Ein subtiles Dominanzstreben kann das Klavier arrogant wirken lassen.

Ein echtes Eigentor schießt das Einsteigerklavier, wenn es mit der Willenskraft einer Trommel oder der Denkkraft einer Gitarre oder Harfe in Konkurrenz geht. Die Trommel wird immer mehr Power und Durchsetzungskraft an den Tag legen, die Gitarre die besseren Ideen haben und die Harfe die brillantere Analyse liefern. Da steht das Klavier dann dumm da. Und das kann es nun absolut nicht leiden!

Übungen für das Klavier als Einsteiger

Eine der besten Übungen für Einsteigerklaviere machen Sie gerade in diesem Moment: Sie beschäftigen sich mit dem Teamrollen-Modell von Belbin. Für keine andere Teamrolle lohnt es sich so sehr, die Theorie von Belbin genau zu studieren, wie für das Klavier. Ein Klavier hat ein Gespür für Talente – mit dem passenden Modell wird daraus ein Arbeitsmittel für den Alltag. Das Klavier sollte unbedingt seine psychologische Menschenkenntnis erweitern und lernen, Teamrollen sowie Charaktere zu beobachten und zu erkennen. Das lässt sich sehr gut zum Beispiel auch bei Kinofilmen üben. Nach einem spannenden Film kann das Klavier dann einmal analysieren, welche Teamrollen bei den Filmcharakteren zu sehen waren.

Auch die Beschäftigung mir Körpersprache ist eine sehr gute Übung für Klaviere auf dem Einsteigerlevel. Dabei sollte das Klavier nicht nur an die Verbesserung der eigenen Köpersprache denken, sondern vor allem auch lernen, die Körpersprache der anderen Teammitglieder zu lesen. Dem Klavier nützt alles, was ihm hilft, die Aussagen und das Verhalten der übrigen Teammitglieder richtig zu interpretieren. Ein Klavier kann sich zu Übungszwecken in oder nach jedem Meeting Notizen zu den einzelnen Teammitgliedern machen: War jemand heute auffällig aktiv oder ruhig? Was sagte die Mimik und die Körpersprache? Hatte jemand besonders gute Ideen oder Analysen?

 **Mehr Übungen für das Klavier als Einsteiger finden Sie online. Folgen Sie einfach dem QR-Code am Rand dieser Seite.**

Smooth operator: das Klavier als Fortgeschrittener

Das fortgeschrittene Klavier wirkt sehr ausgeglichen und in sich gefestigt. Es ist eine unverzichtbare Größe in seinem Team und seine Autorität wird allgemein anerkannt. Die übrigen Teammitglieder vertrauen dem Klavier. Sie fühlen sich von ihm gesehen und wegen ihrer unterschiedlichen Talente geschätzt. Das Klavier hat das Team im Griff und verteilt **Das** Aufgaben souverän. Es versteht es, Leute miteinander **Team im Griff haben und** ander ins Gespräch zu bringen. Fortgeschrittene **Synergien schaffen** Klaviere wirken verbindend und schaffen Synergien. Sie können das Team motivieren und die Kreativität einzelner Teammitglieder zum Leben erwecken. Niemand sonst im Team beschäftigt sich so intensiv mit den Potenzialen anderer. Das Klavier weiß immer, wer gerade eine neue Herausforderung braucht.

Auf diesem Level entstehen allerdings auch neue Konflikte. Das Klavier traut sich nun einiges zu und bekommt auch meistens das, was es will. Daraus können Kämpfe um die Führungsrolle im Team entstehen, insbesondere zwischen dem Klavier und einer Trommel. Eine ideale Lösung eines solchen Konflikts kann es sein, wenn Klavier und Trommel sich zusammentun und sich die Führungsaufgaben teilen. Andernfalls kann ein zäher Machtkampf beginnen, der vom Klavier auch schon mal verdeckt und mit unfairen Mitteln geführt wird. Wo das Klavier allein auf dem Chefsessel sitzt, erzielt es oft überdurchschnittlich gute Ergebnisse. Das fand Meredith Belbin in seinen Forschungen heraus. Er führte das unter anderem auf den kooperativen Führungsstil zurück, den Klaviere bevorzugen.

Herausforderungen für das Klavier als Fortgeschrittenen

Die große Herausforderung für das fortgeschrittene Klavier besteht darin, ein starkes Teamorchester zu bilden, in dem jedes Mitglied mit seinem Instrument zu einem einzigartigen Klang beiträgt. Dazu muss das Klavier immer wieder das ganze Team sehen. Es kann sich zum Talentförderer entwickeln. Es sollte lernen, Teammitglieder in einzelnen Rollen über einen längeren Zeitraum zu beobachten, anzuspornen und mit den jeweils richtigen Aufgaben zu betrauen. Wer braucht wann einen Extraimpuls? Auch das lernt das fortgeschrittene Klavier. Mal muss es Schwächere besser fördern, mal Stärkere mehr fordern.

Wie viel Demokratie kann in einer Organisation funktionieren? Das herauszufinden, ist ebenfalls eine große Aufgabe für das Klavier. Es gibt noch nicht viele Erfahrungen mit Unternehmen ganz ohne Hierarchien und autoritäre Strukturen. Klaviere interessieren sich – neben Gitarren – am meisten für solche Experimente. Anders als viele Gitarren, die hier mehr das Unkonventionelle und Revolutionäre reizt, sind Klaviere in der Lage, demokratische Prozesse wirklich zu verankern und mit weniger Hierarchie produktiver zu sein. *Deep Democracy* zum Beispiel ist eine Idee, der sich fortgeschrittene Klaviere jetzt vermehrt zuwenden sollten.

Risiken und Fallen für das Klavier als Fortgeschrittenen

Das fortgeschrittene Klavier versteht jedes einzelne Teammitglied. Und es hilft anderen gerne. Da muss es aufpassen, sich nicht zu sehr einzumischen. Ungebetene Ratschläge nach dem Muster »Versuch's doch mal so« kommen nicht bei allen im Team gut an – selbst wenn ein Ratschlag Hand und Fuß hat. Klaviere, die sich sehr viel Wissen angelesen haben, müssen auch aufpassen, dass sie ihr Team nicht belehren. Wenn sie sich zu Wort melden, dann oft in bester Absicht und nicht, weil sie unbedingt recht haben wollen. Trotzdem kann dies als Besserwisserei wahrgenommen werden. Das Klavier sollte anderen die Freiheit lassen, Fehler zu machen und daraus zu lernen.

Aufpassen, dass man sich nicht überall einmischt!

Der Hang zur Manipulation und zu heimlichen Nebenabreden kann auch dem fortgeschrittenen Klavier zu schaffen machen. Das führt dann manchmal zu diplomatischen Verwicklungen. Insbesondere wenn das Klavier in größeren Organisationen eine Führungsrolle innehat. Irgendwann weiß das Klavier selbst nicht mehr, was es wann mit wem besprochen hat. So setzt es seine Autorität und seine Vertrauenswürdigkeit unnötig aufs Spiel. Eine weitere Falle für das fortgeschrittene Klavier ist es, sich mit fremden Federn zu schmücken. Wenn jemand Aufgaben weitgehend an andere delegiert, dann muss er später auch würdigen, wer wesentlich zum Erfolg beigetragen hat.

Übungen für das Klavier als Fortgeschrittenen

Richtiges Delegieren zu lernen, ist eine lohnende Übung für das fortgeschrittene Klavier. Auch in der Familie oder in der Freizeit, beispielsweise in Vereinen, kann das Klavier üben, Aufgaben zu verteilen. Gerade im privaten Umfeld lernt das Klavier, immer den richtigen Ton zu treffen. Es ist manchmal gar nicht so einfach, jemanden zu fragen, ob er eine Aufgabe übernehmen möchte. Mit Empathie und Geschick funktioniert es – und mit Hinweis auf die Ziele. Um diese besser darstellen zu können, profitiert ein Klavier von Präsentationsseminaren. Gut präsentieren zu können hilft auch, wenn es darum geht, die Resultate der Zusammenarbeit im Team darzustellen.

Eine sehr gute Übung für das Klavier ist es ebenfalls, Techniken zum Konfliktmanagement zu erlernen. Menschen gehen Konflikten gerne aus dem Weg. Da bildet das Klavier zunächst keine Ausnahme. Heftigen Streit findet das Klavier überflüssig und lästig. Das Klavier kann jedoch die unterschiedlichen Standpunkte einzelner Teammitglieder sehr gut verstehen. Daher sollte sich das Klavier in Konflikten durchaus einbringen. Weniger, um seine Teamkollegen zu trösten und die Harmonie wiederherzustellen – das können Geigen besser. Sondern vielmehr, um Konflikte produktiv zu machen. Für welchen positiven Schritt kann die Energie des Konflikts genutzt werden? Das können Klaviere lernen zu erkennen.

Mehr Übungen für das Klavier als Fortgeschrittenen finden Sie online. Folgen Sie einfach dem QR-Code am Rand dieser Seite.

We are the world: das Klavier als Teamvirtuose

Erinnern Sie sich an die erste Antrittsrede von US-Präsident Barack Obama im Jahr 2009? Zehntausende Amerikaner hatten sich an einem Wintertag auf der Mall in Washington versammelt. Der erste schwarze Präsident der Vereinigten Staaten fasste in Worte, was viele seiner Landsleute in diesem Moment fühlten, hofften und ersehnten.

 **Wortkünstler und Brückenbauer**

Obama begann seine Rede so: »Ich stehe hier heute demütig angesichts der Aufgabe, die vor uns liegt, dankbar wegen des Vertrauens, das ihr mir gewährt habt, und eingedenk der Opfer unserer Vorfahren.« Sofort entstand ein Wir-Gefühl. Der Präsident gab sich *demütig* angesichts der *gemeinsamen* Aufgabe. So spricht ein virtuoses Klavier! Die Körperhaltung dazu: aufrecht und straff. Die Stimme: kraftvoll, aber nicht zu emotional. Die Wortwahl: präzise bis ins Detail.

Das Klavier als Teamvirtuose ist Wortkünstler, Teamsprecher, Zukunftsarchitekt, Diplomat und Brückenbauer. Wie Barack Obama in seinen Reden versteht es ein solches Klavier, die unterschiedlichsten Wertesysteme zu berücksichtigen und alle für eine gemeinsame Aufgabe zu motivieren. Die besten Klaviere in Teams sind demokratisch, konstruktiv und besitzen höchste Autorität. Sie wirken kraftvoll, ohne jede Muskelspiele. Sie können sehr gut Entscheidungen treffen. Dabei sind sie realistisch und wissen, was unter den gegebenen Umständen machbar ist. Sie überfordern ihr Team nicht, aber sie unterfordern es auch nicht. Oft haben sie jetzt auch die formale Rolle als Teamleader inne. Die meisten anderen Mitglieder des Teams sehen das Klavier gerne in dieser Rolle.

Herausforderungen für das Klavier als Teamvirtuosen

Welche Herausforderungen hat ein Teamsprecher, Zukunftsarchitekt und Chefdiplomat noch zu meistern? Es sind eher wenige. Eine davon lautet, selbst ausreichend sichtbar zu bleiben. Das Klavier als Teamvirtuose pflegt gerne Understatement. Es lässt andere strahlen und gibt sich demütig. Doch zu viel Understatement kann kontraproduktiv sein. Wir hatten hier in Holland einmal Jan Peter Balkenende als Ministerpräsident. Er ist ein sehr intelligenter Typ und war vor seiner politischen Laufbahn Professor an der Freien **Selbst ausreichend sichtbar bleiben!** Universität Amsterdam. Als Regierungschef hat er seinen Ministern immer den Rücken gestärkt und ihnen die Bühne überlassen. Selber war er zu wenig sichtbar. Das hat ihm gar nicht gutgetan. Nach einer Wahlniederlage seiner christdemokratischen Partei zog er sich 2010 komplett aus der Politik zurück.

Eine weitere Herausforderung für Klaviere als Teamvirtuosen besteht darin, auch sehr schwierige Entscheidungen konsequent durchzuziehen und das Tempo zu halten. Demokratische Politiker schrecken generell vor harten Entscheidungen zurück, weil sie dann in der Wählergunst sofort zurückfallen. Auch die demokratisch eingestellten Klaviere im Team sind lieber bei allen gut angesehen, als wegen schwieriger Entscheidungen ins Fadenkreuz der Kritik zu geraten. Die Herausforderung für das virtuose Klavier besteht darin, auch in schwierigen Situationen Rückgrat zu zeigen und sich selbstbewusst vor das Team – oder vor die Presse – zu stellen.

Risiken und Fallen für das Klavier als Teamvirtuosen

Klaviere sind beherrscht und haben nicht nur ihr Team, sondern auch sich selbst gut im Griff. Trotzdem kann ihr Verhältnis zur Macht ihnen auch als Teamvirtuosen noch einmal gefährlich werden. Das gilt vor allem, wenn sie auf dem Höhepunkt ihrer Karriere tatsächlich eine Menge formaler Macht besitzen. Im Grunde seines Herzens ist das Klavier davon überzeugt, dass Macht demokratisch legitimiert sein muss und alle zu ihrem Recht kommen sollten. Da es jedoch einen starken Willen hat und sehr zielorientiert ist, kann es trotzdem immer wieder versucht sein, sich bei Machtspielen einzumischen. Das Klavier sollte sämtlichen Machtspielen einfach konsequent aus dem Weg gehen. Das gelingt am besten, indem es noch mehr Klavierqualitäten zeigt: alle einbinden, Brücken bauen und das Team über Einzelinteressen stellen.

Übungen für das Klavier als Teamvirtuosen

Für das Klavier als Teamvirtuosen ist es eine reizvolle Übung, seine Leadership-Qualitäten weiter zu verfeinern. Ein spannender Ansatz, der für Klaviere wie gemacht scheint, heißt *Appreciative Leadership*. Bei dieser partizipativen Führungsphilosophie geht es darum, das kreative Potenzial von Teams zu mobilisieren und zu positiver Veränderungskraft werden zu lassen. Die vier Grundprinzipien des *Appreciative Leadership* lauten:

1. Verbindungen herstellen, Menschen zusammenbringen und kollaborative Prozesse anstoßen
2. Eine positive Weltsicht einnehmen, die in jedem Menschen, jedem Team und jeder Organisation positives Potenzial erkennt
3. Das Potenzial überall erkennen und in positive Kraft verwandeln
4. Positiven Wandel anstoßen, der sich wellenförmig verbreitet

Eine weitere gute Übung für das Klavier als Teamvirtuosen ist die Beschäftigung mit der Weiterentwicklung von Demokratie. Das *Deep Democracy Institute* zum Beispiel ist ein Thinktank, der auf der ganzen Welt Veranstaltungen anbietet. Auf einer mehr praktischen Ebene können virtuose Klaviere dazulernen, indem sie sich als Senior Coach anbieten und andere Teams bei ihrer Entwicklung unterstützen. Auch als *Business Angel* können Klaviere mit entsprechenden Kontakten ihre Fähigkeiten weiter verfeinern. Indem sie Start-ups bei den ersten Schritten zum Erfolg begleiten, entdecken sie immer wieder neue Nuancen erfolgreichen Teamplays.

 **Mehr Übungen für das Klavier als Teamvirtuosen finden Sie online. Folgen Sie einfach dem QR-Code am Rand dieser Seite.**

Round-up: der Entwicklungsweg des Klaviers

Unter den Teamrollen entwickelt sich das Klavier ausgesprochen organisch. Viele positive Eigenschaften dieser Rolle bildet das Klavier schon früh aus. Manche späteren Teamklaviere sind schon in ihrer Schule Klassensprecher gewesen, später dann in einer Studentenvertretung aktiv oder schon früh in Vorständen von Vereinen vertreten. Überall haben sie Dinge koordiniert und für Ergebnisse gesorgt. Sie haben früh Verantwortung übernommen und gelernt, Resultate nach außen zu vertreten. Im Laufe der Zeit entwickelt das Klavier ein zunehmend tieferes Verständnis für Menschen. Es sieht die Talente und Potenziale von Individuen immer besser. Am Ende ist das Klavier ein regelrechter Talententwickler.

Das Klavier entwickelt ein tieferes Verständnis für Menschen.

Psychologisch betrachtet zieht die Rolle des Klaviers insbesondere ausgeglichene Charaktere an, die ein ausgeprägtes Grundvertrauen in andere Menschen haben. Vertrauen ist die Basis ihrer demokratischen Grundeinstellung. Hinzu kommt ein hohes Maß an Toleranz. Leichtes Dominanzstreben und eine eher rationale als emotionale Art zeichnet viele Charaktere aus, die sich als Klavier wohlfühlen. Schließlich zieht die Rolle des Klaviers in seiner reinen Form selten absolut geniale oder extrem kreative Menschen an. Klaviere können sogar einen gewissen Mangel an eigenen Ideen aufweisen, den sie durch Aktivierung der Kreativität des Teams kompensieren.

DREI IMPULSE FÜR SIE ALS KLAVIER IM TEAM

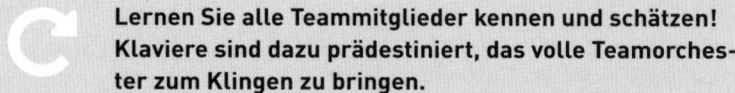

Lernen Sie alle Teammitglieder kennen und schätzen! Klaviere sind dazu prädestiniert, das volle Teamorchester zum Klingen zu bringen.

Halten Sie sich aus Machtspielen heraus! Setzen Sie lieber auf Ihre Fähigkeiten zu integrieren und bleiben Sie diplomatisch.

Zeigen Sie in Konflikten Rückgrat! Wenn ein Klavier Konflikten nicht aus dem Weg geht, kann es die Konfliktenergie positiv nutzen.

Track 13 ·

VON KREATIV ZU INNOVATIV: DIE GITARRE

»Ich wiederhole mich nicht gerne. Ich versuche,
bei jedem Stück etwas Neues zu machen, damit mir
nicht langweilig wird.«
Stephen Sondheim, Komponist

*Die Gitarre ist eine unkonventionelle, kreative, manchmal unprak-
tische Initiatorin. Sie liebt es, neue Musikstücke zu komponieren. Oft
braucht es längere Zeit, bis sie sich im Team voll akzeptiert fühlt.*

Stärken der Gitarre:
- *unabhängiger Geist*
- *ausgeprägte Kreativität*
- *viel Fantasie*
- *Mut zum Anderssein*

Schwächen der Gitarre:
- *wenig kommunikatives Talent*
- *Praxisferne und Ungeschicklichkeit*

Wie gut spielen Sie in einem Team als Gitarre? Schätzen Sie Ihre Fähigkeiten spontan auf einer Skala von 1 bis 15 ein!

1	2	3	4	5	6	7	8	9	10	11	12	13	14	15
Einsteiger					Fortgeschrittene					Teamvirtuosen				

You're nothin' but a dreamer: die Gitarre als Einsteigerin

Als Einsteigerin ist die Gitarre ebenso kreativ wie eigensinnig. Oft ist sie mit ihren Gedanken woanders. Es kann sein, dass sie verträumt in der Ecke sitzt und ihre Umgebung gar nicht richtig wahrnimmt. Es macht ihr nichts aus, viel Zeit allein zu verbringen. Dann bastelt sie, experimentiert, liest ein Buch, malt etwas oder spielt ein Musikinstrument. Egal, ob sie sich für Musik und Kunst oder für Mathematik und Physik interessiert – stets taucht die Gitarre tief in eine Materie ein. So tief, dass sie manchmal Schwierigkeiten hat, komplett wieder aufzutauchen und sich den praktischen Herausforderungen des Alltags zu stellen. Freiheit und Unabhängigkeit sind der Gitarre sehr wichtig. Regeln und Vorschriften mag sie nicht so gern. Manchmal glaubt sie, die Welt sollte eigentlich ganz anders sein.

Wenig Verbindung zum Team

Im Team hat die Gitarre schnell das Gefühl »Ich bin anders« – und dieses Anderssein ist ihr auf dem Einsteigerlevel noch unangenehm. Sie fühlt sich manchmal einsam. Umgekehrt wirkt die Gitarre auf die anderen Teammitglieder häufig kühl und reserviert. Man wird nicht so recht schlau aus ihr und kann sie auch nicht dazu bringen, jeden Blödsinn mitzumachen. Gitarren bewerben sich häufig nicht aktiv um eine Aufgabe, sondern werden von Vertrauenspersonen ins Team geholt. Solche Vertrauten im Team sind wichtig für die feinfühlige Gitarre. Die anderen Teammitglieder verletzen eine Gitarre leicht. Sind mehrere Vorschläge der Gitarre nicht akzeptiert worden, kann sie sich beleidigt zurückziehen. Manchmal hat die Gitarre ihre Ideen bloß nicht verständlich genug erklärt.

Herausforderungen für die Gitarre als Einsteigerin

Für die Gitarre ist es am Anfang das Wichtigste, einen Schalter im Kopf umzulegen und sich zu sagen: Ich bin okay so wie ich bin! Vielleicht bin ich anders als die anderen im Team. Vielleicht falle ich auch hin und wieder auf. Das macht aber nichts. Ich habe Ideen – und das Team braucht Ideen. Gitarren sollten die Qualität ihrer Ideen nie bezweifeln. Sonst kann sich ihre Kreativität nicht weiterentwickeln. Eine Gitarre muss an ihrem Talent dranblieben. Auch wenn dieses Talent zunächst nicht ausreichend geschätzt wird. Als Nächstes lernt eine Gitarre dann, über das zu reden, was sie denkt. Sie hört auf, alles für sich zu behalten. Sie öffnet sich und fasst ihre Ideen in Worte.

Als Einsteigerin braucht die Gitarre Mut. Viele Gitarren haben zunächst eine Blockade. Sie glauben nicht an sich und machen deshalb auch nicht den Mund auf. Sie sind sensibel und haben Angst vor Ablehnung. Doch erst wenn sich die kreative Gitarre mit anderen im Team austauscht, kommt ausreichend Realitätssinn ins Spiel. Beim Modedesign **Gitarren müssen Mut entwickeln und sich einbringen.** kann man das sehr gut beobachten. Früher hatten studierte Designer oft Ideen, die weder technisch umsetzbar noch vermarktbar waren. Das ändert sich gerade. Meine Tochter studiert am *Amsterdam Fashion Institute* (AMFI) – hier müssen die Studierenden der drei Sparten Design, Management und Branding von Anfang an kooperieren. Jeder Designer lernt, dass seine Ideen nur dann richtig gut sind, wenn sie auch in Produktion und Logistik umsetzbar sind sowie zum Markenauftritt einer Bekleidungsfirma passen.

Risiken und Fallen für die Gitarre als Einsteigerin

Einzelgängertum heißt die große Falle für die Einsteigergitarre. In keiner anderen Teamrolle ist die Gefahr größer, den Kontakt zum Umfeld zu verlieren. Es ist für einen Einzelgänger im Team nahezu unmöglich, jemals einen ausreichenden Praxisbezug zu entwickeln. Wenn umgekehrt zum Beispiel eine Gitarre, die Designerin ist, zwei Jahre lang mit einem Bassmanager zusammengearbeitet und erfolgreiche Projekte gemacht hat, wird sie jede Menge Praxisbezug gewonnen haben. Ich kenne einen Musiker, der jahrelang alleine geübt hat und am Schluss spielte wie ein Verrückter! Das wollte niemand hören. Die Gefahr bei der Gitarre ist immer, dass sie für sich allein arbeitet und nur das entwickelt, was ihr selbst gefällt.

Egal, womit sich die Gitarre beschäftigt – die Versuchung, etwas am Markt vorbei zu entwickeln, ist am Anfang riesengroß. Die Gitarre sollte lernen, im Praxisbezug beziehungsweise in der Marktfähigkeit keinen faulen Kompromiss oder gar Verrat an der Kunst zu sehen. Nur wenn ihre Ideen praktisch umsetzbar sind, finden sie schließlich Käufer. Und nur so können sie Menschen erfreuen oder die Welt ein Stück besser machen. Selbst Musiker, Maler und Schriftsteller müssen an ihr Publikum denken, sonst bemerkt sie niemand und sie verdienen nichts. Die große Gefahr für die Gitarre ist es, stur zu bleiben, sich zu verweigern und in eine negative Grundhaltung abzurutschen.

 **Nur umsetzbare Ideen finden Käufer.**

Übungen für die Gitarre als Einsteigerin

Einsteigergitarren tut es gut, ihre Kreativität zu verfeinern. So lassen sich bestimmte Kreativitätstechniken gezielt erlernen. Eine gute Übung für jeden Kreativen – egal, ob Designer, Ingenieur oder Werbetexter – ist das Visualisieren. Dabei studieren Sie zu Übungszwecken einen beliebigen Gegenstand intensiv. Das kann ein Haus, ein Blumenstrauß oder eine Skulptur sein. Anschließend lassen Sie mit geschlossenen Augen den Gegenstand vor Ihrem inneren Auge mit allen Details neu entstehen. Haben Sie ein klares Bild? Jetzt können Sie beginnen, den Gegenstand in Gedanken zu verändern: andere Größe, Form, Farbe, möglicherweise anderer Geruch. Eine gute Übung ist es auch, Dinge zu vergrößern oder verkleinern oder zu drehen. Designer machen das oft in Grafikprogrammen. Spielen Sie doch zum Beispiel hin und wieder mit Ihren digitalen Fotos! Wählen Sie Ausschnitte, drehen Sie das Bild, verändern Sie Farbe, Helligkeit, Kontrast und so weiter.

Ist Ihnen das alles zu visuell? Dann machen Sie doch mal ein paar Denkübungen! Zum Beispiel mit den sechs Denkhüten von de Bono. Dabei betrachten Sie ein und dasselbe Thema nacheinander aus unterschiedlichen Blickwinkeln. Sie setzen sich jeweils einen »Denkhut« in einer anderen »Farbe« auf. Die sechs Denkhüte nach Edward de Bono sind:

- weiß: analytisches Denken – Konzentration auf Tatsachen
- rot: emotionales Denken – Konzentration auf Gefühle
- schwarz: kritisches Denken – Konzentration auf Risiken und Probleme
- gelb: optimistisches Denken – Konzentration auf den Best Case
- grün: kreatives Denken – Konzentration auf Wachstum und Entwicklung
- blau: ordnendes Denken – Konzentration auf Strukturen und Prozesse

Letzter Vorschlag: Fangen Sie an, Geschichten zu erzählen! Formulieren Sie, was in Ihrem Kopf ist. Erzählen Sie es anderen oder führen Sie ein Tagebuch. Am besten beides.

> **Mehr Übungen für die Gitarre als Einsteigerin finden Sie online. Folgen Sie einfach dem QR-Code am Rand dieser Seite.**

The genius next door: die Gitarre als Fortgeschrittene

Die fortgeschrittene Gitarre ist eine sprudelnde Quelle von Ideen – die sie auch vertrauensvoll mit anderen teilt. Häufig sind fortgeschrittene Gitarren sehr idealistisch. Sie wollen die Welt ein Stück besser machen, zum Beispiel durch nachhaltigere Produkte, den schonenderen Umgang mit Ressourcen oder soziale Veränderungen. Ähnlich wie die Harfe hat die fortgeschrittene Gitarre viel Wissen – und das nicht allein auf ihrem Fachgebiet. Ihre Allgemeinbildung ist oft auffallend groß und wird von vielen bewundert. Gitarren befassen sich im Vergleich zu Harfen lieber mit Dingen, die man anfassen kann. Kaum eine fortgeschrittene Gitarre, die sich nicht in irgendeiner Form für Technik, Kunst, Architektur oder Design interessieren würde. Ingenieure in Entwicklungsabteilungen sind häufig fortgeschrittene Gitarren.

 **Ideen mit anderen teilen**

Bei der fortgeschrittenen Gitarre klappt die Zusammenarbeit im Team. Die Gitarre hat ihr Anderssein akzeptiert – und wird von den anderen respektiert. Die Teamkommunikation hat sich gut entwickelt. Fortgeschrittene Gitarren können ihre Ideen gut erklären, weit fortgeschrittene sogar mit einer passenden Geschichte oder Metapher veranschaulichen. Mit Kritik kann die fortgeschrittene Gitarre leben – solange ihr niemand das Recht auf eine abweichende Meinung streitig macht. Eine fortgeschrittene Gitarre sieht größere Zusammenhänge. Als Designerin zum Beispiel kennt sie die Anforderungen des Marketings, des Controllings und der Logistik – und geht damit kreativ um. Die fortgeschrittene Gitarre kann ausgesprochen praxisorientiert denken.

Herausforderungen für die Gitarre als Fortgeschrittene

Idee und Praxis optimal zu verknüpfen ist die größte Herausforderung für die fortgeschrittene Gitarre. Paradebeispiel sind die Möbeldesigner bei Ikea, die bei jedem Design sofort die Produktionskosten und die Verpackung in möglichst flachen Kartons berücksichtigen. Das praktische Denken hilft der Gitarre auch, bodenständig zu bleiben. Denn das ist eine weitere Herausforderung. Je genialer ihre Ideen werden, desto mehr droht die Gitarre abzuheben. Das Gebäude der niederländischen Botschaft in Berlin zum Beispiel wurde von dem Stararchitekten Rem Koolhaas entworfen und in den Kulturteilen vieler europäischer Zeitungen hoch gelobt. Doch Insider berichten, manche Botschaftsangehörige würde der Bau in den Wahnsinn treiben, weil er so unpraktisch ist.

Balance halten zwischen Kreativität und Praxisbezug Bei allem Praxisbezug muss sich die fortgeschrittene Gitarre gleichzeitig ihren Freiraum für Ideen erhalten. Es sollte ab und zu möglich sein zu »spinnen« – besonders in großen Organisationen. Für jede Gitarre ist es eine ganz eigene Herausforderung, die richtige Balance zwischen Kreativität und Spontaneität auf der einen Seite sowie Praxisbezug und Funktionieren in Teams auf der anderen Seite zu finden. Als Fortgeschrittene lernt die Gitarre echte Kommunikationsstärke. Sie weiß, dass sie ihre Ideen unterschiedlichen Personen unterschiedlich vermitteln muss. Eine Harfe, eine Trommel und eine Geige im Team haben jeweils einen anderen Blickwinkel auf die Ideen der Gitarre. Wenn die Gitarre das weiß, kann sie ihre Gedanken stets passend verpacken.

Risiken und Fallen für die Gitarre als Fortgeschrittene

Chaos heißt eine große Falle für Gitarren, auch auf dem fortgeschrittenen Level. Das fängt beim Schreibtisch und den Büroschränken an. Einen abends immer aufgeräumten Schreibtisch – *Clean Desk Policy* – werden Sie einer Gitarre so schnell nicht verordnen können. Das ist auch okay so. Doch wenn das Büro der Gitarre so weit im Messie-Stadium angekommen ist, dass Unterlagen nicht mehr auffindbar sind oder wichtige Vorgänge liegenbleiben, dann bekommt das ganze Team ein Problem. Am Computer gilt praktisch das Gleiche: Den Desktop einer Gitarre muss nur diese selbst verstehen – doch E-Mails und Dokumente sollten auffindbar bleiben! Nicht schaden kann der Gitarre jedenfalls ein Blick in die Bücher *Für immer aufgeräumt* und *Für immer aufgeräumt – auch digital* von Jürgen Kurz (GABAL Verlag). Auch gute Terminplanung ist wichtig für die Gitarre. Das Risiko, Termine sogar komplett zu vergessen, ist bei ihr hoch.

Die Abneigung der Gitarre gegen Regeln und Vorschriften kann effektivem Teamplay ebenfalls entgegenstehen. Es hat zum Beispiel häufig einen Sinn, wenn Meetings pünktlich beginnen und es eine Agenda sowie später ein Protokoll gibt. Die Gitarre sieht das nicht immer ein. Wenn sie auf alles, was mit geregelten Abläufen und Vorschriften zu tun hat, nervös, gereizt und ungeduldig reagiert, schafft das Spannungen im Team. Es gibt Gitarren, die grundsätzlich keine Parkscheine lösen, wenn sie ihr Auto in der Innenstadt abstellen. Das ist ihre ganz persönliche Entscheidung. Geht es aber um Teamregeln, die eine gute Zusammenarbeit gewährleisten, sollte die Gitarre lernen, sich auch einmal unterzuordnen. Letztlich profitiert sie ja selbst davon.

Spannungen im Team vermeiden!

Übungen für die Gitarre als Fortgeschrittene

Fragen stellen ist eine sehr gute Übung für die fortgeschrittene Gitarre. Als kreative Denkerin ist die Gitarre geradezu prädestiniert, dem Team durch Fragen andere Perspektiven zu eröffnen und neue Wege zu zeigen. Es gibt eine Figur in der Geschichte, die berühmt dafür war, ihren Mitmenschen durch geschickte Fragen neue Gedanken zu entlocken – Sokrates. Der griechische Philosoph nannte seine Fragetechnik *Hebammenkunst,* weil durch Fragen neue Ideen geboren werden können. Noch heute lässt sich die sokratische Fragetechnik erlernen – für Gitarren absolut lohnend. Das Grundprinzip besteht darin, andere durch geschickte Fragen selbst auf neue Ideen kommen zu lassen – statt ihnen eine fertige Lösung zu präsentieren. Wenn Sie so wollen, geht modernes Coaching auf Sokrates zurück.

Stellen Sie als Gitarre im Team einfach viele »W-Fragen«: Was, wann, wo, wieso, weshalb, warum? Wichtig ist, auch das scheinbar Selbstverständliche kritisch zu hinterfragen: Wer sagt denn, dass das richtig ist? Wozu brauchen wir das? Und so weiter. In manchen Konzernen gibt es inzwischen den Wettbewerb *Kill a stupid rule* – überflüssige Regeln sollen aufgespürt und beseitigt werden. Ein Freudenfest für jede Gitarre! Aber auch unbegründete Überzeugungen sollte die Gitarre hinterfragen. Beispielsweise so:

HARFE: Wir verkaufen 1000. Wir haben immer 1000 davon verkauft.
TROMMEL: Ich will, dass wir 10 000 verkaufen. Und zwar in zehn Monaten.
GITARRE: Wie kommt ihr auf 1000 oder 10 000? Warum nicht 100? Warum nicht 100 000?

So zumindest ist das Prinzip: Viele Fragen stellen, auch scheinbar »dumme« – denn bekanntlich gibt es ja nur dumme Antworten –, Perspektiven wechseln, Glaubenssätze infrage stellen, für Multiperspektive sorgen.

Mehr Übungen für die Gitarre als Fortgeschrittene finden Sie online. Folgen Sie einfach dem QR-Code am Rand dieser Seite.

I'm a rocket man: die Gitarre als Teamvirtuosin

Als Teamvirtuosin ist die Gitarre richtig gut bei sich angekommen und hat ein unangefochtenes Standing im Team. Manchmal wird sie als Visionärin bewundert. Gerade ihr Anderssein kann sie jetzt sogar attraktiv für die Medien machen. Über hoch innovative Gitarren wird gerne berichtet. Sie geben Interviews und nehmen an Kongressen und Symposien teil. Ihre Kreativität stellt die virtuose Gitarre in den Dienst der Team- **Kreativität** ziele. Gleichzeitig hat ihr Idealismus oft noch zu- **im Dienst der Teamziele** genommen. Als Teamvirtuosen sind Gitarren häufig Sinnsucher. Sie machen sich Gedanken über die Zukunft der Menschheit. Sie möchten Innovationen auf den Weg bringen, die nicht nur Aktionäre reich machen, sondern unser Leben wirklich verbessern. Manchmal lassen sie Dinge Realität werden, die von den meisten zunächst als Spinnerei abgetan wurden.

Der 1971 in Südafrika geborene Unternehmer Elon Musk wirkt auf mich in vieler Hinsicht wie eine virtuose Gitarre. Gleichzeitig spielt er mit Sicherheit auch Trommel, denn er verlangt von seinem Team ein irres Tempo beim Umsetzen von Innovationen. Seine erste große Idee, das Bezahlsystem *PayPal,* machte Elon Musk reich – *eBay* kaufte *PayPal* 2002 für 1,5 Milliarden US-Dollar. Mit dem Geld gründete Musk unter anderem *Tesla Motors.* Neulich hörte ich, wie er sich in einem Vortrag über die Konkurrenz lustig machte: Er habe in einem Audi gesessen und dort einen monochromen Bildschirm vorgefunden. Hahaha! Ein *Tesla* habe fünf Computer, natürlich in Farbe, erklärte Musk. Künftig würden wir Autos um Computer herum bauen. So redet eine Gitarre – Ironie und Spott inklusive. Weitere aktuelle Projekte von Elon Musk: *Hyperloop,* eine Röhrenbahn auf Luftkissen für den Personen- und Güterverkehr mit 1220 Stundenkilometer

Höchstgeschwindigkeit, oder *SpaceX*, ein Raumfahrtunternehmen, das langfristig Leben auf anderen Planeten ermöglichen will.

Herausforderungen für die Gitarre als Teamvirtuosin

Die Anschlussfähigkeit an das Team zu erhalten und die Zusammenarbeit weiter zu verbessern ist die größte Herausforderung für die virtuose Gitarre. Während sich die Einsteigergitarre gerne in eine Ecke zurückzieht, kann es jetzt sein, dass andere Teammitglieder sich zurückziehen – sie fühlen sich dem Genie nicht mehr gewachsen. Da muss die Gitarre gegensteuern und die Leute im Boot halten, zum Beispiel, indem sie ihre Ideen und Visionen in einer möglichst einfachen Sprache vermittelt. Oder indem sie bewusst Bodenständigkeit demonstriert, etwa indem sie sich bei Feiern blicken lässt und sich nicht zu schade ist, mit den Kollegen oder Mitarbeitern auch mal ein Bier zu trinken.

Auch das Genie stößt an Grenzen. Wenn die Visionen der Gitarre immer größer werden, ist es wichtig, die Rahmenbedingungen im Blick zu behalten. Klar soll die Gitarre das scheinbar Unmögliche möglich machen. Es gibt jedoch Grenzen, an denen auch das Genie nicht vorbeikommt. Damit ist nicht nur die Schwerkraft gemeint, sondern es sind beispielsweise auch finanzielle Faktoren. Hier ist Elon Musk ein gutes Vorbild. Bisher waren alle seine Projekte solide finanziert und am Ende profitabel. *PayPal* gehört zu den wenigen Start-ups der New Economy, die heute noch erfolgreich sind. Bei *Tesla Motors* war der Visionär Elon Musk pragmatisch genug, sich staatliche Förderungen zu sichern sowie den Autokonzern *Daimler* ins Boot zu holen. Eine ganze Reihe von Teilen beim *Tesla Model S* stammt aus der *Mercedes E-Klasse*. Keine innovative, aber eine bezahlbare Lösung!

Risiken und Fallen für die Gitarre als Teamvirtuosin

Intellektuelle Arroganz ist eine Versuchung für die virtuose Gitarre. Klar hat sie brillante Ideen – wenn nicht sogar geniale Visionen! Das sollte sie jedoch nicht dazu verleiten, andere grundsätzlich als blöd hinzustellen. Wenn die virtuose Gitarre nicht aufpasst, kann sie stundenlang über die geistige Armut der Welt herziehen. Ein berühmtes Zitat von Albert Einstein lautet: »Zwei Dinge sind unendlich, das Universum und die menschliche Dummheit, aber bei dem Universum bin ich mir noch nicht ganz sicher.« Typisch Gitarre! Diese beißende Ironie und das Abkanzeln! Die Medien sind gierig auf negative Kritik – je markiger die Sprüche, desto besser. Im Team kommen Zynismus und Sarkasmus meistens gar nicht gut an. Also Vorsicht!

Auch eine gewisse Kälte und Unnahbarkeit kann die Gitarre auch als Virtuosin noch an den Tag legen – und damit im Team zu viel Distanz schaffen. Durch auffällige Kleidung und exzentrisches Benehmen à la Karl Lagerfeld vergrößern manche Gitarren den Graben zwischen sich und dem Rest des Teams. Die Gitarre muss ja nicht gleich auftreten wie eine Harfe – doch sie kann sich zum Beispiel beim Klavier ein bisschen Understatement abgucken. Wenn ein Genie es nicht immer nötig hat, seine Genialität und Andersartigkeit zu betonen, dann kann es viel mehr Menschen inspirieren. Gewisse Marotten gehören zur Gitarre aber oft dazu. Das Team sollte damit keine Probleme haben.

Auffällige Kleidung und exzentrisches Benehmen

Übungen für die Gitarre als Teamvirtuosin

Ideen-Jamming, wie ich es im sechsten Kapitel beschrieben habe, ist als Übung für eine virtuose Gitarre wie geschaffen. Es beginnt mit dem klassischen Brainstorming. Eine teamvirtuose Gitarre funktioniert so gut in einer Gruppe, dass sie ein Brainstorming auch leiten kann. Sie sollte die entsprechenden Techniken zur Zusammenstellung und zum Briefing der Gruppe erlernen und während einer Sitzung mit verschiedenen Kreativitätstechniken jonglieren können.

Die Königsdisziplin sind dann so richtige Innovations-Jams, die einen ganzen Tag dauern oder übers Internet auch mehrere Tage oder Wochen. Eine virtuose Gitarre, die einen solchen Jam organisiert, muss sehr gut kommunizieren und mit anderen Teammitgliedern interagieren können.

 **Eigene Ideen müssen auch mal losgelassen werden.** Bei praktisch jedem Kreativmeeting kann die Gitarre noch etwas mehr Improvisation, Offenheit und Vertrauen in andere lernen. Die virtuose Gitarre weiß ab einer bestimmten Entwicklungsstufe, wann ihre eigenen Impulse gefragt sind und wann sie andere kommen lassen muss. Auf dem virtuosen Level kann sie lernen, eigene Ideen auch einmal loszulassen. Sie übt Vertrauen ins Team. Sie sagt sich: Heute wird bestimmt etwas Gutes beim Brainstorming herauskommen. Ich bin nicht allein für die Ideen verantwortlich. Ich warte erst einmal in Ruhe ab, auf welche Ideen die anderen kommen. Mal sehen, wo wir hinkommen. Wenn die Gitarre eine solche Grundhaltung einübt, vermeidet sie automatisch allzu viel Kritik. Sie wird offen und neugierig für die Vorschläge anderer.

Mehr Übungen für die Gitarre als Teamvirtuosin finden Sie online. Folgen Sie einfach dem QR-Code am Rand dieser Seite.

Round-up: der Entwicklungsweg der Gitarre

Die Gitarre ist am Anfang oft ein komischer Vogel im Team. Die anderen wissen nicht immer etwas mit ihr anzufangen – und sie selbst zieht sich gerne zurück. Je mutiger die Gitarre sich öffnet und je mehr sie über ihre Ideen spricht, desto besser klappt die Zusammenarbeit im Team. Viele Teams brauchen nicht mehr als eine echte Gitarre und sind gerne bereit, dieser Person eine Sonderrolle zuzugestehen. Vieles entscheidet sich daran, wie gut es der Gitarre gelingt, eine positive Grundhaltung gegenüber anderen Menschen einzunehmen.

Wenn sie ihren Hang zu Ironie und Sarkasmus überwindet, kann sie im Team viel Freude erleben. Dann schätzen die anderen ihre Ideen als echte Bereicherung und finden den Austausch oft auch persönlich spannend.

Psychologisch betrachtet zieht die Teamrolle der Gitarre oft intelligente, sensible und einzelgängerische Menschen an. Wobei solche Charaktere am Anfang oft nicht gern in ein Team wollen. Sie werden an Bord geholt oder in ein Team gedrängt und fühlen sich typischerweise erst mal unwohl. Ein funktionierendes Businessteam bietet kreativen, aber introvertierten Menschen große Chancen der Persönlichkeitsentwicklung: Sie können durch Teamwork ein hohes Maß an sozialer Kompetenz entwickeln. Sie lernen, dass es gemeinsam wirklich besser geht als alleine. Am Ende lernen sie vielleicht sogar, was kollaborative Intelligenz leisten kann – sofern diese Schwarmintelligenz die richtigen Impulse bekommt und in passenden Formaten – wie etwa dem Ideen-Jam – freigesetzt wird.

DREI IMPULSE FÜR SIE ALS GITARRE IM TEAM

Akzeptieren Sie Ihre Sonderrolle! Ihre Kreativität wird gebraucht und bringt die anderen Teammitglieder weiter.

Bleiben Sie im Gespräch! Suchen Sie immer wieder den Dialog mit anderen, damit diese Sie besser verstehen – und umgekehrt.

Denken Sie praktisch! Wenn Sie nicht gerade Künstler sind, sollten Ihre Ideen einen Nutzen stiften. Denken Sie immer gleich an die Umsetzung.

Track 14 ·

VON PRÄZISE ZU STRATEGISCH: DIE HARFE

▶ »Als Harfenstudentin war meine musikalische Heimat vor allem die Musik von Alban Berg, Arnold Schönberg und Béla Bartók. ... Musik musste für mich möglichst kompliziert, komplex und perkussiv sein.«
Sandrine Piau, Sopranistin und Harfenistin

Die Harfe ist eine ernsthafte und kritische Denkerin. Sie liebt es, Musikstücke zu analysieren und interpretieren. Stets hat sie die Zahlen, Daten und Fakten im Blick.

Stärken der Harfe:

- *analytisches Denkvermögen*
- *Faktenorientierung*
- *bewahren den kühlen Kopf*
- *Fähigkeit, strategisch zu denken*

Schwächen der Harfe:

- *übertriebene Vorsicht*
- *Hang zu negativer Kritik*

Wie gut spielen Sie in einem Team als Harfe? Schätzen Sie Ihre Fähigkeiten spontan auf einer Skala von 1 bis 15 ein!

1	2	3	4	5	6	7	8	9	10	11	12	13	14	15
Einsteiger					Fortgeschrittene					Teamvirtuosen				

That's just the way it is: die Harfe als Einsteigerin

Als Einsteigerin ist die Harfe im Team der »ZDF«-Typ – Zahlen, Daten und Fakten sind ihre Welt. Die Harfe wirkt oft verschlossen. Typischerweise traut man ihr weniger Sozialkompetenz zu, als sie tatsächlich besitzt. Das liegt auch an ihrer ernsthaften und kritischen Art. Als Einsteigerin ist die Harfe schwer zu begeistern. Sie will über jede neue Idee am liebsten in Ruhe nachdenken. Schnelle Entscheidungen liegen der Harfe überhaupt nicht. Die anderen im Team könnten etwas übersehen haben! Eine Harfe will auf Nummer sicher gehen. Deshalb kommt sie auch ausgezeichnet vorbereitet in jedes Teammeeting. Die meisten Fakten hat sie im Kopf – alles andere findet sie schnell heraus und liefert es dann gewissenhaft nach.

Nüchtern und auf die Fakten konzentriert

In der Schule war die Harfe meistens die Schülerin mit den besten Noten. Harfen saugen Wissen auf wie ein Schwamm. Da sie ihr Wissen nicht nur speichern, sondern auch durchdenken und strukturieren, können sie mit großen Wissensmengen umgehen. Im Team werden sie oft nach ihrem Wissen gefragt. Was viele unterschätzen: Harfen haben Fantasie. Sie können Wissen oft gut visualisieren, zum Beispiel mit anschaulichen Charts und originellen Zeichnungen. Harfen durchschauen nicht nur komplizierte Zusammenhänge, sondern können sie – anders als die Einsteigergitarren – den anderen im Team auch gut erklären. Das Team muss der Harfe jedoch ihre Ruhe lassen – wehe, sie wird in ein lärmendes Großraumbüro gesteckt!

Herausforderungen für die Harfe als Einsteigerin

Eine große Herausforderung für die Harfe besteht am Anfang darin, sich im Team überhaupt Gehör zu verschaffen. Die Harfe hat oft überhaupt kein Problem damit, während einer Besprechung lediglich zuzuhören, sich Notizen zu machen – und die Dinge dann erst später in Ruhe zu durchdenken. Es kann jedoch sein, dass das Team die Analyse der Harfe sofort braucht. Da sollte die Harfe sich einmischen!

Wenn die Harfe sich zu Wort meldet oder gefragt wird, muss sie als Einsteigerin aufpassen, ihr Wissen richtig zu dosieren. Mit ellenlangen Erklärungen wird sie vor allem Trompeten, Bässe und Geigen schnell verlieren. Eine Trommel könnte die Geduld verlieren und der Harfe das Wort abschneiden – lange bevor diese zum entscheidenden Punkt gekommen ist.

🔊 **Sich einmischen – aber bitte objektiv bleiben!**

Wichtig ist für die Harfe weiterhin, unter allen Umständen ihre Objektivität zu behalten. Da viele Einsteigerharfen leise und wenig enthusiastisch wirken, können lautere und emotionalere Teammitglieder versuchen, sie für sich zu vereinnahmen. Hier dürfen Harfen sich nicht manipulieren lassen. Vorsicht ist vor allem geboten, wenn andere das Wissen der Harfe ausnutzen wollen, um ihre eigenen Standpunkte zu untermauern. Die Harfe muss dann bei ihrer Meinung bleiben. Oder sie muss den anderen klarmachen, dass sie lediglich Fakten beisteuert, die sich unterschiedlich interpretieren lassen.

Risiken und Fallen für die Harfe als Einsteigerin

Das leise, kühle, rationale Auftreten der Einsteigerharfe und ihre scheinbare Gefühlsarmut können andere Teammitglieder irritieren oder sogar abstoßen. Oft nehmen eher leise Menschen die Teamrolle der Harfe ein. Sie tun ihre Arbeit ziemlich geräuschlos – und mögen auch keine lauten Umgebungen. Schon laute Musik kann sie sehr stören. Das Buch *Leise Menschen – starke Wirkung* von Sylvia Löhken (GABAL Verlag) enthält gute Tipps, wie zurückhaltend auftretende Teammitglieder mehr Präsenz zeigen und besser Gehör finden, ohne ihre Persönlichkeit zu verleugnen. Einsteigerharfen sollten daran arbeiten, um der Falle der Unsichtbarkeit und Wirkungslosigkeit zu entgehen.

Entscheidungsschwäche ist ein weiteres Risiko für die Harfe als Einsteigerin. Wenn sie zu lange nachdenkt, bevor sie sich positioniert, entscheiden andere – insbesondere Trommeln und Klaviere – über ihren Kopf hinweg. Bei Entscheidungen sollte die Einsteigerharfe ab und zu »Lebenszeichen« von sich geben. Wenn sie zu lange schwankt und zweifelt, kann es sein, dass sie irgendwann Zielscheibe des Spotts wird. Wie sehr sich die Harfe im Team positionieren muss, hängt allerdings auch vom Umfeld und der funktionalen Rolle ab. In einer Anwaltskanzlei oder einer Wirtschaftsprüfungsgesellschaft ist das sicher nicht so wichtig wie in einer Werbeagentur.

Bei zu langem Nachdenken entscheiden andere.

Übungen für die Harfe als Einsteigerin

Analysetechniken zu erlernen ist eine sehr gute Übung für die Einsteigerharfe. Ähnlich wie die Gitarre arbeitet sie so als Erstes an ihrem eigenen Talent und stärkt ihre Stärken. Ein Beispiel für eine Analysetechnik ist die sogenannte SWOT-Analyse. Hier betrachtet man in einer gegebenen Situation nacheinander die Stärken (**S**trengths), Schwächen (**W**eaknesses), Chancen (**O**pportunities) und Risiken (**T**hreats). Eine SWOT-Analyse eignet sich zur Vorbereitung praktisch jeder wichtigen Entscheidung. Weitere einfache Analysetechniken sind Checklisten, betriebswirtschaftliche Auswertungen oder ABC-Analysen. Bei einer ABC-Analyse kann zum Beispiel ermittelt werden, welche Produkte oder Kunden am stärksten am Umsatz eines Unternehmens beteiligt sind (A), welche durchschnittlich (B) und welche am wenigsten (C).

Eine einfache Übung – auch für den privaten Alltag – besteht darin, immer wieder Argumente pro und kontra zu sammeln und aufzuschreiben. Wenn die Harfe dazu Bewertungsportale im Internet nutzt, kann sie mit der Übung auch noch anderen Menschen helfen. Harfen sind prädestiniert dafür, aussagekräftige und objektive Kritiken auf Bewertungsportalen, beispielsweise für Ärzte, Hotels oder Autowerkstätten, zu schreiben. Indem eine Harfe regelmäßig solche Bewertungen schreibt, lernt sie außerdem, sich für alle verständlich auszudrücken und das richtige Maß an Ausführlichkeit zu finden. Die Teilnahme an Umfragen und Verbrauchertests ist eine weitere Möglichkeit für die Harfe, immer wieder ihre Fähigkeit zur Analyse und Bewertung zu trainieren.

Mehr Übungen für die Harfe als Einsteigerin finden Sie online.
Folgen Sie einfach dem QR-Code am Rand dieser Seite.

Some things will never change: die Harfe als Fortgeschrittene

Ja, auch eine fortgeschrittene Harfe ist ernsthaft und kritisch. Auch sie wirkt auf viele andere kühl. Doch bei allem Ernst hat sie typischerweise schon eine gewisse Leichtigkeit entwickelt. Sie sieht nicht mehr alles so eng. Dabei hängt vieles davon ab, wie sehr die Harfe bisher herausgefordert war, mit Leuten in anderen Teamrollen zu kooperieren. Unter lauter anderen Harfen – beispielsweise in einer Wirtschaftsprüfungsgesellschaft oder in einem Steuerbüro – muss die Harfe sich nicht groß verändern. In einem bunten Team mit vielen Trompeten, Trommeln und Geigen kann es aber sein, dass mit der Zeit einiges an Fröhlichkeit, Dynamik und Wärme auf sie abfärbt.

Vieles wird ein wenig leichter.

Die fortgeschrittene Harfe verfügt über sehr gute analytische Fähigkeiten. Sie durchschaut auch komplizierte Sachverhalte und ist in der Lage, Verworrenes zu entwirren. Ihre Bewertungen, Zusammenfassungen und Analysen sind objektiv, auf den Punkt und allgemein verständlich. Das Sozialverhalten einer fortgeschrittenen Harfe hat sich deutlich verändert. Die Harfe zeigt jetzt Empathie, geht auf andere Menschen ein und kann Kritik auch sehr diplomatisch äußern. Zwischen ihrem Sicherheitsbedürfnis und der Fähigkeit, Risiken einzugehen, hat sie eine bessere Balance gefunden. Die Harfe sieht ein, dass manchmal einfach Entscheidungen getroffen werden müssen, auch wenn ein Restrisiko bleibt – und kann damit gut leben. Sie tut alles dafür, die Teammitglieder mit den nötigen Informationen für gute Entscheidungen zu versorgen.

Herausforderungen für die Harfe als Fortgeschrittene

Anderen wirklich zuhören und sich mit ihnen abstimmen ist eine Herausforderung für die fortgeschrittene Harfe. Insbesondere sollte die Harfe lernen, welche Informationen in welcher Ausführlichkeit das Team in welcher Situation braucht. Rege Kommunikation und regelmäßiger Austausch sind unerlässlich, um dies immer besser zu beherrschen. Die Harfe neigt zunächst immer noch zu sehr ausführlichen Analysen sowie zu ungebetener Kritik. Auf dem fortgeschrittenen Level sollte die Harfe die Gruppendynamik des Teams immer besser verstehen. Sie lernt dann beispielsweise auch, dass kritische Bemerkungen die anderen Teammitglieder demotivieren können – selbst wenn die Harfe aus ihrer Sicht lediglich die Fakten darstellt.

Empathische und zielgruppengerechte Kommunikation ist generell eine große Herausforderung für die Harfe. Mit der Zeit sollte sie erkennen, dass Fakten nicht nur Fakten sind, sondern bestimmte Botschaften und Einschätzungen immer auch Emotionen auslösen. Ein einprägsames Beispiel dafür sind ärztliche Diagnosen. Früher nahmen Ärzte typischerweise nicht viel Rücksicht darauf, was ihre Diagnosen bei den betroffenen Patienten auslösten. An fortschrittlichen Hochschulen werden Mediziner heute psychologisch geschult, Patientengespräche möglichst einfühlsam zu führen. Neben Empathie ist Experimentierfreude für die fortgeschrittene Harfe wichtig. Eine Harfe kann viel lernen, wenn sie sich auf »Jamming« einlässt.

◀))) Empathische Kommunikation lernen

Risiken und Fallen für die Harfe als Fortgeschrittene

Eine Falle für die fortgeschrittene Harfe ist es, in Debatten auf der Sachebene recht haben zu wollen und darüber das Team auf der Beziehungsebene zu verlieren. Klar weiß die Harfe oft mehr als die anderen. Manchmal weiß sie Dinge auch tatsächlich besser. Das sollte sie jedoch nicht dazu verleiten, sich ohne Rücksicht auf die Gefühle anderer durchzusetzen. Alle haben ein Recht auf ihre Meinung, auch wenn der Harfe bestimmte Einschätzungen unsachlich oder oberflächlich vorkommen. Hier ist die Kunst des Kompromisses gefragt. Sonst kann die Harfe auch in Zynismus und Negativität abrutschen. Sie glaubt dann, dass sie sowieso recht hat und die anderen einfach unbelehrbar sind.

Negativität ist ohnehin eine Gefahr auch bei der fortgeschrittenen Harfe. Da sie die Dinge sehr kritisch unter die Lupe nimmt, findet sie natürlich auch immer viele Kontraargumente, beispielsweise gegen ein neues Projekt oder Produkt – und seien es nur die ihrer Meinung nach zu hohen Kosten. Hier muss die

Das Risiko, zu bürokratisch zu agieren
Harfe vor allem in Managementteams aufpassen, nicht den Ruf als Bremserin, Erbsenzählerin oder ewige Bedenkenträgerin zu bekommen. Ein Risiko für fortgeschrittene Harfen ist es auch, zu bürokratisch zu agieren. Harfen streben nach Sicherheit – und Regeln und Vorschriften geben Sicherheit. Wo es zu Innovationen kommen soll, müssen Regeln jedoch auch bewusst gebrochen werden.

Übungen für die Harfe als Fortgeschrittene

Die fortgeschrittene Harfe kann sich anspruchsvollen Analysetechniken widmen, die oft gleichzeitig Managementtechniken sind. Die Netzplantechnik zum Beispiel beschreibt Verkettungen von Aktionen und kommt insbesondere in der Terminplanung von Projekten zum Einsatz. Eine besondere Form der Netzplantechnik ist die Methode des kritischen Pfades (englisch: *Critical Path Method*, CPM). Diese Methode arbeitet mit sogenannten Vorgangspfeilen. Darauf basieren auch Entscheidungsbaumpläne. Dieses Modell zur Entscheidungsfindung kann die Harfe nach entsprechender Übung zum Nutzen des Teams sehr gut einsetzen. Entscheidungsbäume fügen den Vorgangspfeilen Entscheidungsknoten mit Ein- und Ausgängen hinzu. An den jeweiligen Ausgängen können den weiterführenden Wegen dann Wahrscheinlichkeitswerte zugeordnet werden. So lassen sich Entscheidungsprozesse stärker objektivieren.

Sehr gut für die fortgeschrittene Harfe sind auch Übungen, die ihr helfen, ihre analytischen Fähigkeiten mit Kommunikationsstärke zu verbinden. Hier hilft zum Beispiel die Technik des *Appreciative Inquiry* (AI). Harfen lenken die Aufmerksamkeit gerne direkt auf die kritischen Punkte. Sie fragen dann zum Beispiel: Was ist das Problem? Was läuft falsch? Wer hat Fehler gemacht? *Appreciative Inquiry* zielt immer zunächst auf die Ressourcen und auf das, was gut läuft. Die Methode fördert eine wertschätzende und positive Grundhaltung in Teams. Zentrales Element ist die wertschätzende Befragung. *Appreciative Inquiry* wurde in den 1980er-Jahren von David Cooperrider an der *Case Western Reserve University* in den USA entwickelt. Innerhalb der AI werden vier Phasen durchschritten: Entdeckung (auch: Verstehen), Zukunftsvision, Entscheidung und schließlich Umsetzung.

> **Mehr Übungen für die Harfe als Fortgeschrittene finden Sie online. Folgen Sie einfach dem QR-Code am Rand dieser Seite.**

I can see clearly now: die Harfe als Teamvirtuosin

Als Teamvirtuosin ist die Harfe eine richtige Strategin. Sie analysiert nicht nur, sie denkt voraus! Das ist der letzte und entscheidende Entwicklungsschritt. Virtuose Harfen sind in der Lage, ihre Analyse der Gegenwart in die Zukunft zu extrapolieren. Damit gleichen sie professionellen Schachspielern, die so viele Spielzüge im Voraus bedenken können, wie es der durchschnitt-lich geübte Spieler niemals schaffen würde. Der  **Strategie** Unterschied zum Schach: Die Realität ist nicht nur **heißt vorausdenken.** kompliziert, sondern komplex – fast alle Bedingun-gen können sich jederzeit ändern. Die besten unter den Harfen sind Navigatorinnen durch eine nahezu unberechenbar gewordene Welt. Sie können entwirren, was andere im Team längst nicht mehr durchschauen.

Als Teamvirtuosin strahlt die Harfe Ruhe und Stabilität aus. Die ursprüngliche Kühle der Harfe ist oft einer angenehmen, unaufdringlichen Herzlichkeit gewichen. Nicht selten haben solche Harfen einen feinen Humor. Sie lächeln lieber als zu lachen. Doch sie haben eingesehen, dass selbst heftige Emotionen in einem Team manchmal dazugehören. Vor allem sind sie mit Herz bei der Sache. Wenn sie sich so in ihre Strategien vertiefen, könnte man fast meinen, da sei so etwas wie Leidenschaft im Spiel – aber nur fast. Sachlichkeit und Objektivität bleiben Stärken der Harfe. Als Teamvirtuosin durchschaut die Harfe jedoch auch, wie andere im Team denken und fühlen. Sie kann die möglichen Reaktionen der anderen Teammitglieder einschätzen. Und sie stimmt ihre eigenen Äußerungen darauf ab.

Herausforderungen für die Harfe als Teamvirtuosin

So nah wie möglich am Business bleiben, den Markt, die Kunden und die Mitarbeiter stets im Blick behalten – das ist auch für die virtuose Harfe eine gewisse Herausforderung. Manchmal kommen Harfen aufgrund ihrer intellektuellen Brillanz ins Topmanagement, wo dann Innovationen und schnelle Entscheidungen von ihnen erwartet werden. Als Norbert Reithofer zum Beispiel 2006 Konzernchef bei BMW wurde, galt er als blass, nüchtern und technokratisch. Kaum jemand traute dem gelernten Techniker viel zu. Doch er kannte Produktion und Logistik in- und auswendig und erreichte dort ein Maximum an Effizienz. Gleichzeitig entwickelte er ein Gespür für Trends und Designs und ließ den Designern viel Gestaltungsspielraum.

 **Feingefühl für Märkte, Kunden, Mitarbeiter** Unter der Ägide von Norbert Reithofer legte sich BMW schließlich ein »grüneres« Image zu. Auch begann der Konzern, Elektroautos zu entwickeln und auf den Markt zu bringen. Nicht auf der Basis bestehender Modelle, wie bei vielen anderen Herstellern, sondern als komplette Neukonstruktionen. Der Vorstand schien den Megatrend Nachhaltigkeit erkannt zu haben. Gleichzeitig lieferte man an die Chinesen weiter Luxus pur nach alter Art – und verdiente so die Milliarden, die die Innovationen verschlangen. So entpuppte sich der »blasse

Technokrat« Reithofer als einer der erfolgreichsten DAX-Manager der letzten Jahre. Vielen Harfen als Teamvirtuosen geht es ähnlich wie diesem Manager. Sie werden zunächst unterschätzt, zeigen dann aber ein Feingefühl für Kunden, Trends und gesellschaftliche Entwicklungen, das ihnen wenige zugetraut hätten.

Risiken und Fallen für die Harfe als Teamvirtuosin

Bei aller sozialen Kompetenz, die eine Harfe als Teamvirtuosin entwickelt hat, bleibt die Gefahr, zu verkopft zu wirken und deshalb die Herzen der anderen Teammitglieder nicht zu erreichen. Virtuose Harfen können sich schier endlos in Dinge wie Kennzahlensysteme, Bilanzierung oder Handelsrecht vertiefen. Doch hinter jeder Bilanz, hinter jeder *Balanced Scorecard* stehen Menschen. Die virtuose Harfe sollte von Zeit zu Zeit demonstrieren, dass sie sich dessen bewusst ist. Sonst bekommt sie irgendwann tatsächlich den Ruf eines Technokraten, dem Zahlen wichtiger sind als Menschen.

Lieber denken als sich mit Menschen zu beschäftigen – diese Falle lauert oft für die Harfe. Als Teamvirtuosin sollte die Harfe bewusst gegensteuern. Sie sollte sich Zeit für Smalltalk nehmen, sich regelmäßig nach Menschen erkundigen und ihr Netzwerk pflegen. Unter Menschen zu gehen und sich bei gesellschaftlichen Anlässen zu präsentieren, wirkt sich für die Harfe positiv aus. Eine gewisse Falle bleibt auch immer, zu langsam und zu bedächtig zu agieren. So sind willensstarke und tatkräftige Teammitglieder schnell frustriert. Als echte Teamvirtuosin kann die Harfe sich auch einmal an ein höheres Tempo anpassen.

Übungen für die Harfe als Teamvirtuosin

Eine virtuose Harfe kann sich mit sehr anspruchsvollen Modellen beschäftigen und davon profitieren. Szenarioplanung, Spieltheorie oder Systemtheorie helfen ihr, eine komplexe Wirklichkeit immer besser zu verstehen und auf dieser Basis erfolgversprechende Strategien zu entwickeln. Eine gute Idee für die virtuose Harfe ist es, eine Datenbank mit verschiedenen Modellen aufzubauen. Vielleicht reizt es die Harfe irgendwann sogar, ihr eigenes *Meta-Modell* aus den verschiedenen Ansätzen zu entwickeln. Auch Unternehmens-Wikis zu bauen oder anzuregen ist eine gute Übung für die Harfe als Teamvirtuosin. Beim Wiki tragen viele Köpfe gleichberechtigt ihr Wissen zusammen, sodass kollaborative Intelligenz frei wird. Das größte und erfolgreichste Wiki der Welt ist Wikipedia, die freie Enzyklopädie.

Eine virtuose Harfe kann sich auch verstärkt lateralem Denken zuwenden und dabei üben, ihre analytischen Fähigkeiten mit mehr Kreativität zu verbinden. Der Begriff des lateralen Denkens stammt von Edward de Bono. Im Gegensatz zu vertikalem Denken, das in exakten, logischen Schritten nach einer Lösung sucht, erlaubt laterales Denken Perspektivwechsel, Intuition, Assoziation und Unschärfe (Fuzzy Logic). Wikipedia gibt folgendes Beispiel: Die Frage »Wie viele Spiele müssen stattfinden, um bei einem nach K.-o.-System ausgetragenen Turnier mit 111 Teilnehmern den Sieger zu ermitteln?« wird von den meisten Menschen durch vertikales Denken gelöst: Wie viele Spiele in der ersten, zweiten, dritten Runde und so weiter? Diese Zahlen werden schrittweise ermittelt und dann addiert. Das Ergebnis lautet 110. Laterales Denken kann mit einem Perspektivwechsel ohne viel Rechenaufwand zum selben Ergebnis kommen: Wenn es einen Sieger gibt, muss es 110 Verlierer geben. Jeder von ihnen verliert nur einmal. Also werden entsprechend viele Matches gespielt, nämlich 110.

Laterales Denken erlaubt Perspektivwechsel.

Mehr Übungen für die Harfe als Teamvirtuosin finden Sie online. Folgen Sie einfach dem QR-Code am Rand dieser Seite.

Round-up: der Entwicklungsweg der Harfe

Die Harfe im Team ist am Anfang sehr vorsichtig und ziemlich still. Die anderen Teammitglieder müssen sie fragen, wenn sie etwas wissen wollen. Dann sprudelt das Wissen aus der Harfe nur so hinaus. Manchmal ist das sogar zu viel des Guten. Je mehr die Harfe zum Teamplayer wird, desto offener, kommunikativer und entspannter wird sie auch. Sie leitet von sich aus wertvolles Wissen ins Team. Doch auch ihre Perspektive verändert sich. Schaut sie am Anfang am liebsten auf Vergangenheit und Gegenwart – Paradedisziplin: Bilanzierung –, so wendet sie sich immer mehr der Zukunft und möglichen Zukunftsstrategien zu. Ihr analytisches Denken kann schließlich eine lateral ausgerichtete, kreative Komponente erhalten.

Psychologisch betrachtet ist die Teamrolle der Harfe zunächst der Platz für hochintelligente, dabei jedoch stille, bescheidene, manchmal sogar etwas abwartende Menschen. Eine solche Persönlichkeit ordnet sich lieber unter, als Führungspositionen anzustreben und Entscheidungen herbeizuführen. Im Team können solche Menschen sich sehr öffnen und weiterentwickeln. Ihre analytischen und strategischen Fähigkeiten sind eine wichtige Ressource für das Team. In praktisch jedem Unternehmen werden Harfen gebraucht. Erst sind sie für die Zahlen, Daten und Fakten zuständig, zum Beispiel als kaufmännischer Geschäftsführer oder Controller. Später entwickeln sie oft geniale Strategien.

DREI IMPULSE FÜR SIE ALS HARFE IM TEAM

Bringen Sie Ihr Wissen ein! Sie können dem Team bei wichtigen Entscheidungen helfen. Zögern Sie nicht, sich einzumischen.

Beschäftigen Sie sich mit Menschen! Andere Menschen, andere Entscheidungen. Lernen Sie die Beweggründe von Menschen kennen.

Denken Sie lateral! Verlassen Sie eingefahrene logische Denkstrukturen und erlauben Sie sich neue Perspektiven.

Track 15 ·

VOM PLANER ZUM STRIPPENZIEHER: DAS HORN

»Es ist für mich wichtig, diese klare Planung zu haben. Dann schafft man ja viel mehr, als wenn man so in den Tag lebt. Das kann ich bis heute nicht. Dann bekomme ich unfassbar schlechte Laune.«
Julia Fischer, Geigerin

Das Horn ist ein wachsamer, unauffälliger Teamspieler. Es liebt einen geregelten Ablauf, achtet auf Details und will Stücke genau nach Plan aufführen. Auf sein Bauchgefühl verlässt es sich mehr als auf Zahlen und Fakten.

Stärken des Horns:
- *Ordnungsliebe und Planungsstärke*
- *ausgezeichnete Intuition*
- *Liebe zum Detail*
- *Genauigkeit bis zum Schluss*

Schwächen des Horns:
- *Reizbarkeit, wenn es nicht nach Plan läuft*
- *emotionale Stressanfälligkeit*

Wie gut sind Sie in einem Team als Horn? Schätzen Sie Ihre Fähigkeiten spontan auf einer Skala von 1 bis 15 ein!

1	2	3	4	5	6	7	8	9	10	11	12	13	14	15
Einsteiger					Fortgeschrittene					Teamvirtuosen				

Every little thing: das Horn als Einsteiger

Schon als Einsteiger ist das Horn präzise, strukturiert und detailorientiert. Anders als die Harfe schaut das Horn jedoch nicht auf die Zahlen, Daten und Fakten. Vielmehr braucht das Horn immer ein gutes Gefühl. Alles muss passen, jedes Detail muss stimmen – dann erst fühlt sich etwas für das Horn rund an. Da fangen für das Einsteigerhorn allerdings auch die Probleme an: Damit auch wirklich alles stimmt, prüft und kontrolliert es die Dinge immer wieder. Das kann regelrecht zur Obsession werden. Die anderen im Team halten das Horn dann schnell für pingelig und kleinkariert. Dafür behält das Horn den Überblick – zum Nutzen des gesamten Teams. Außerdem sorgt es dafür, dass alles, was das Team anfängt, auch zu Ende gebracht wird. Wenn Trompeten oder Gitarren schon keine Lust mehr haben, ist es immer noch mit aller Aufmerksamkeit dabei. Belbin nannte das Horn deshalb den *Zu-Ende-Macher (Completer-Finisher)*.

Als Einsteiger ist das Horn extrem stressanfällig. Das liegt an seinem ausgeprägten Bauchgefühl. In dieser Teamrolle verlassen sich Menschen auf ihre Intuition und nicht auf ihren Verstand oder ihre Willenskraft. Weil das Horn es hasst, wenn etwas schiefgeht, und alles perfekt machen will, halst es sich am Anfang sehr viel Arbeit auf. Während das Klavier gerne delegiert, macht das Horn typischerweise die Arbeit der anderen noch mit. Oft ist das Horn innerlich angespannt. Sein Bauchgefühl sagt ihm etwas. Doch das Horn traut seinem Gefühl noch nicht ganz. Oder kann dem Team gegenüber nicht richtig in Worte fassen, was es fühlt. Nicht selten durchschaut das Horn alles, hält aber seine Ahnung und sein Gefühl zurück.

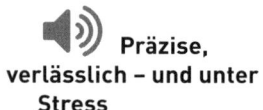 **Präzise, verlässlich – und unter Stress**

Herausforderungen für das Horn als Einsteiger

Hörner sind am Anfang wenig sichtbar. Sie sind unauffällige Teamplayer, die im Hintergrund viel arbeiten, damit alles nach Plan läuft und kein Detail übersehen bleibt. Assistent der Geschäftsleitung ist eine typische funktionale Rolle für Hörner: Das Assistenzhorn sorgt dafür, dass der Laden läuft – der Boss hat den großen Auftritt und kassiert den Beifall. Hörner sollten deshalb zunächst lernen, sich zu profilieren. Sichtbar zu sein und sich ins Spiel zu bringen, kostet das Horn Überwindung. Genauso sehr wie das Aussprechen von Gefühlen. Doch auch das ist enorm wichtig für das Horn. Wenn es seine Gefühle für sich behält, steigt sein Stresspegel immer mehr.

Das Horn braucht den Mut, seine überragende Intuition als Ressource zu erkennen und in das Team einzubringen. Bei Interviews mit Bewerbern zum Beispiel spürt das Horn oft sofort, ob eine Person ins Team passt oder nicht. Es sollte dann unbedingt den Mund aufmachen. Es ist dabei wichtig, dass das Horn sich nicht hinter vorgeschobenen rationalen Gründen versteckt, sondern klar benennt, was es empfindet. Gleichzeitig sollte das Einsteigerhorn mehr Flexibilität entwickeln. Es kann nicht immer alles perfekt laufen. Manchmal ist Perfektion auch nicht effizient, weil die Kunden dafür nicht bereit sind zu bezahlen. Dann ist gut statt sehr gut auch mal gut genug. Wenn ein Horn das einsieht, hat es automatisch weniger Stress.

Risiken und Fallen für das Horn als Einsteiger

Im Extremfall sind Einsteigerhörner sowohl unsichtbar als auch chronisch überlastet. Sie nehmen sich vollständig zurück, halsen sich alle Arbeit auf, damit es perfekt läuft – und landen in der Burn-out-Falle. Hier hilft mehr Gelassenheit. Das Horn sollte sich fragen: Was kann ich ändern – und was nicht? Allzu oft reiben sich die Hörner im Team an Dingen auf, die sie ohnehin nicht ändern können. Wenn sie lernen, mit ihrer inneren Unruhe besser umzugehen, können sie sich mehr auf ihre Stärken konzentrieren. Das Horn sollte sich mit dem Gedanken anfreunden, in einer unvollkommenen Welt zu leben. Es kann und soll seine Aufgaben möglichst gut machen – doch sein Einfluss ist begrenzt.

🔊 **Bitte nicht bei Kleinigkeiten ausflippen!**

Hörner können als Einsteiger regelrecht ausflippen, wenn irgendetwas schiefläuft. Die anderen Teammitglieder fühlen sich dann vor den

Kopf gestoßen. Die Reaktion des Horns kommt ihnen völlig überzogen vor. Das ist eine Falle für das Horn. Wenn das Horn seine Gefühle rechtzeitig und dosiert mit den anderen im Team teilt, kann es diesen »Ketchup-bottle-Effect« (erst kommt nichts raus, dann alles) vermeiden. Nicht ganz so dramatisch, aber auch riskant für das Horn ist es, sich durch Pedanterie im Team unbeliebt zu machen. Neben mehr Toleranz und Gelassenheit hilft dem Horn hier die offene Aussprache. Dann erklärt es zum Beispiel, warum es wichtig ist, dass eine liegen gebliebene Kleinigkeit jetzt endlich erledigt wird.

Übungen für das Horn als Einsteiger

Zielorientiertes Zeitmanagement ist eine ausgezeichnet Übung für das Horn als Einsteiger. Dabei kommt es vor allem auf die Zielorientierung an. Planen und organisieren kann das Horn vielleicht längst sehr gut. Doch am Anfang neigt es dazu, alles gleich wichtig zu nehmen und überall denselben Grad an Perfektion erreichen zu wollen. Ziele sorgen für Klarheit: Was wollen wir als Team erreichen? Welche Schritte sind dazu nötig? Was ist wichtig und was weniger wichtig? Ein so einfaches System wie die klassische Eisenhower-Matrix kann diese Übung gut unterstützen. Nach dem Eisenhower-System wird jede Aufgabe in eine von vier Kategorien aufgeteilt:

- wichtig und dringend
- wichtig, aber nicht dringend
- dringend, aber nicht wichtig
- weder wichtig noch dringend

Wenn das Horn beginnt, seine Aufgabe an Zielen zu orientieren und zu kategorisieren, kann es viel Gelassenheit gewinnen. Hilfreich ist außerdem, die Erwartungen der Kunden und der anderen Teammitglieder regelmäßig zu klären. Ziele und Erwartungen klären lässt sich einüben. Solche Abstimmungsprozesse sparen Mehrarbeit und reduzieren dadurch Stress.

Vielleicht will das Horn aber auch mal ein bisschen spielen und dabei seine Talente einsetzen? Da bieten sich zum Beispiel Fehlersuchbilder an. Sie kennen das: »Finde zehn Unterschiede!« Solche Fehlersuchbilder gibt es nicht nur für Kinder, sondern auch für Erwachsene. Suchen Sie doch einfach mal über Google. Tipp: Bei Fotos ist es meistens anspruchsvoller als bei Zeichnungen. Eine solche Fehlersuchübung, die nicht nur die Genauigkeit des Horns trainiert, sondern auch noch den anderen Teammitgliedern nützt, ist das Korrekturlesen von Texten oder Kontrollieren von Präsentationen und Tabellen. Hier darf das Horn ausnahmsweise mal anderen die Arbeit abnehmen – aber nur als Übung!

Mehr Übungen für das Horn als Einsteiger finden Sie online. Folgen Sie einfach dem QR-Code am Rand dieser Seite.

But nothing is perfect: das Horn als Fortgeschrittener

Das fortgeschrittene Horn ist ein guter Seismograph für das Team. Es beobachtet sehr genau und bringt Dinge ans Licht, die andere leicht übersehen. Außerdem nimmt es die Stimmungen und Schwingungen im Umfeld des Teams auf. Das kann für die anderen Teammitglieder ein hilfreicher Detektor sein. Die planerischen Fähigkeiten des Horns haben sich auf diesem Level weiter gesteigert. Termine planen, Projekte organisieren oder auch an Geburtstage denken – das Horn hat alles im Griff. Dabei wandelt sich der Perfektionismus des Horns zu einem echten Qualitätsbewusstsein. Nicht allein der eigene Bauch ist jetzt der Maßstab, sondern auch die Teamziele und die Erwartungen der Kunden.

Ein fortgeschrittenes Horn kann auch sehr gut klarmachen, was das Team aus abgeschlossenen Projekten lernen kann. Endkontrollen liebt das Horn ohnehin. Auf dem fortgeschrittenen Level kann aus der

Endkontrolle eine ausgiebige Rückschau im Sinne von *Lessons to learn* werden. Da das fortgeschrittene Horn auch nicht mehr alles alleine machen will, greift es hier und anderswo gern auf andere Teammitglieder zurück. Dann bittet es die Harfe zum Beispiel um detaillierte Zahlen. Angenehm auch für die anderen: Der Stresspegel des Horns ist deutlich gesunken. Es ist toleranter geworden und rastet nicht mehr bei jeder Kleinigkeit in Panik aus.

Herausforderungen für das Horn als Fortgeschrittenen

Volle Flexibilität entwickeln und improvisieren zu lernen, sind Herausforderungen für das fortgeschrittene Horn. Beides ist schwierig für ein Horn. Spontaneität und Planung sind nun einmal Gegensätze. Doch in den Teams der Zukunft wird es immer mehr darauf ankommen, diese Gegensätze miteinander zu verbinden. Disruptive Unternehmen sind sowohl hoch flexibel als auch gut organisiert. Sie können sich immer wieder den Gegebenheiten anpassen und neu planen. Das kann auch das fortgeschrittene Horn lernen: gut planen, aber jeden Plan auch wieder loslassen und vorübergehend improvisieren, bis ein neuer, besserer Plan da ist.

Gleichzeitig sollte das fortgeschrittene Horn lernen, seinem Bauchgefühl absolut zu vertrauen und seine Eingebungen für das Team so präzise wie möglich in Worte zu fassen. Das Horn wird so zum »Radar« der Teams – genau wie die gleichnamige Figur in dem US-Serienklassiker *M*A*S*H*. In einem Feldlazarett während des Koreakriegs ist Corporal Walter Eugene O'Reilly, genannt *Radar*, nicht nur Schreiber und Assistent des Lagerkommandanten, sondern so etwas wie das menschliche Frühwarnsystem des Camps. Corporal O'Reilly scheint fast schon prophetische Gaben zu besitzen. Zum Beispiel meldet er anfliegende Hubschrauber mit Verletzten bereits lange bevor irgendjemand anderes etwas hört oder Funksprüche sie ankündigen – ein weit fortgeschrittenes Horn!

Risiken und Fallen für das Horn als Fortgeschrittenen

Je nach Arbeitsumgebung ist es wichtig oder sogar entscheidend, dass es Teammitglieder gibt, die nach absoluter Perfektion streben. In Krankenhäusern oder bei der Flugsicherung kann das sogar über Leben und Tod entscheiden. Bei Unternehmen im Premiumsegment ihres Markts ist Perfektion oft ein Teil des Wertversprechens an die Kunden. Übertriebener Perfektionismus bringt jedoch immer Stress ins Team. Am Ende zahlt auch kein Kunde mehr dafür. Eine Falle für das fortgeschrittene Horn ist es, mit gestiegener Verantwortung im Team oder im Unternehmen nach noch mehr Perfektion zu streben. Doch irgendwann muss Schluss sein. Selbst *Six Sigma* definiert den höchstmöglichen Level der Fehlerfreiheit nicht mit 100 Prozent, sondern mit »nur« 99,999 Prozent …

Absolute Perfektion kann nicht immer das Ziel sein.

Wenn das fortgeschrittene Horn nicht aufpasst, kann es durch sein Streben nach der besten Lösung genauso entscheidungsschwach werden wie die Harfe durch ihren Wunsch nach vollkommener Analyse. Beispiel: In welchen acht Farben soll ein neues Produkt lieferbar sein? Während sich die anderen im Team längst einig sind, kommt das Horn jetzt noch einmal mit einem anderen Grün oder einem anderer Rot an, das angeblich viel besser zum Produktdesign passt. Die anderen Teammitglieder schütteln den Kopf, denn sie können die unterschiedlichen Farbtöne kaum auseinanderhalten. Das Horn möchte es immer so schön wie möglich haben. Doch wenn es sich nicht entscheiden kann, stiftet es Unruhe.

Übungen für das Horn als Fortgeschrittenen

Stressmanagement ist eine gute, manchmal lebenswichtige Übung für das fortgeschrittene Horn. Mittlerweile gibt es eine ganze Reihe von Methoden, die darauf zielen, psychisch belastenden Stress zu verringern oder ganz abzubauen. Das fortgeschrittene Horn sollte ruhig verschiedene Ansätze ausprobieren, um herauszufinden, was ihm am besten hilft. (Ein weniger gestresstes Horn schont auch die Nerven der anderen Teammitglieder!) Nach der Flow-Theorie von Mihály Csíkszentmihályi liegt der stressfreie Zustand in einem angenehmen Fluss, der die Mitte zwischen Überforderung und Unterforderung markiert. In den Extremen drohen dagegen Burn-out beziehungsweise Bore-out.

Eine weitere Idee für fortgeschrittene Hörner ist es, sich mit Risikoanalyse zu beschäftigen. Im Buddy-System mit einer fortgeschrittenen Harfe gelingt das besonders gut. Wie kann das Horn seine überragende Intuition nutzen und produktiv machen? Risikomanagement ist eine Möglichkeit dazu. Während das Horn Gefahren  **Gefühle in Worte fassen** geradezu wittert, kann die Harfe gleichzeitig überprüfen, inwieweit sich das Risiko berechnen lässt. Sehr gut für Hörner ist auch alles, was ihnen hilft, Gefühle in Worte zu fassen. Reiseberichte schreiben kann hier eine Übung sein. Wie lassen sich die Erlebnisse, die das Horn unterwegs hatte, so schildern, dass andere sie nachvollziehen können?

 **Mehr Übungen für das Horn als Fortgeschrittenen finden Sie online. Folgen Sie einfach dem QR-Code am Rand dieser Seite.**

The prophet he said: das Horn als Teamvirtuose

Auf die Intuition des virtuosen Horns ist Verlass – wer wissen will, was auf das Team zukommt, sollte dieses Horn fragen. Als Teamvirtuose hat das Horn seinen eigenen Wert auch erkannt. Es versteckt sich nicht mehr, sondern sorgt für seine Sichtbarkeit. Es meldet sich nicht nur zu Wort, sondern kann auch seine Erkenntnisse für alle verständlich ausdrücken. Sogar die faktenorientierte Harfe versteht jetzt, was das Horn meint. Konsequenz, Präzision und Akkuratesse sind dabei nach wie vor Stärken des Horns. Doch als Teamvirtuose tritt es nicht mehr pedantisch auf, sondern sorgt ganz entspannt und selbstverständlich dafür, dass die Dinge gut laufen.

Das virtuose Horn hat ein Händchen dafür, wahre Wohlfühlumgebungen zu schaffen. Auf seinen Stil und seinen Geschmack kann man sich verlassen. Eine neue Büroeinrichtung sollte nicht ohne das virtuose Horn geplant werden. Darf es ein ganzes Gebäude gestalten, kann es sich austoben! Dabei muss sich niemand Sorgen machen, dass schöne Ideen im Ansatz steckenbleiben. Wo ein virtuoses Horn am Ruder ist, da werden die Dinge konsequent durchgezogen. Wer sich dem in den Weg stellt, der wird beim Horn als Teamvirtuosen erstmals auch eine strenge und harte Seite kennenlernen. Mit seinem Perfektionismus übertreibt es das Horn schon lange nicht mehr. Hält das virtuose Horn einen Plan für richtig, dann duldet es jetzt keine Abstriche mehr!

Herausforderungen für das Horn als Teamvirtuosen

Da das Horn als Teamvirtuose (fast) alles im Griff hat, gibt es jetzt nur noch kleinere Herausforderungen zu bewältigen. Eine davon kann sein, oft genug um Hilfe zu bitten. Wenn das Horn etwas selbst macht, weiß es, dass es gut wird. Es wird aber niemals alles alleine schaffen. Also muss das Horn immer wieder auf andere zugehen und sagen: Jetzt brauche ich deine Hilfe. Möglicherweise muss das Horn hier deutlicher werden als früher, weil sich die anderen daran gewöhnt haben, was ein virtuoses Horn alles kann. Deshalb bietet kaum noch jemand von sich aus seine Hilfe an. Hier sind verbindliche Absprachen die Lösung: Wer übernimmt wann welche Aufgabe? Bitte in den Terminkalender eintragen!

Deutlich um Hilfe bitten

Auch das virtuose Horn muss sich manchmal an die Bedürfnisse der Kunden erinnern. Es darf sich nicht selbst zum Maßstab machen. Der durchschnittliche Kunde erwartet weniger und honoriert meist auch weniger, als das Horn für richtig halten würde. Immer wieder müssen zum Beispiel Luxushotels schließen, weil der dort betriebene Aufwand über die Zimmerpreise einfach nicht wieder hereinzuholen ist. Das Horn muss seine Vorstellungen immer wieder auf die Machbarkeit hin überprüfen und auch bereit sein, Abstriche vorzunehmen. Dieser zunehmende Realismus hat für das Horn den angenehmen Nebeneffekt, dass auch seine innere Anspannung nachlässt.

Risiken und Fallen für das Horn als Teamvirtuosen

Auch als Teamvirtuose muss das Horn noch ein bisschen aufpassen, nicht zu detailversessen zu sein. Der ehemalige CEO von *Volkswagen*, Ferdinand Piëch, galt zum Beispiel als Spaltmaß-Fanatiker. Als Spaltmaß wird im Karosseriebau der Abstand zwischen zwei benachbarten Bauteilen bezeichnet. Einfacher ausgedrückt: Wie breit sind die Ritzen bei geschlossenen Türen und Hauben? Das ist das Spaltmaß. Piëch wollte die Spaltmaße bei VW und *Audi* so klein wie möglich haben, als Zeichen perfekter Qualität. Der Firmenpatriarch schien geradezu besessen von diesem Gedanken. Er rief die Verantwortlichen in sein Büro und sagte ihnen, dass die Spaltmaße aller Karosserien in einem halben Jahr maximal vier Millimeter betragen dürften. Und drohte: Wenn ihr das nicht schafft, seid ihr gefeuert.

Virtuose Hörner, die ein kaltes Perfektionsstreben an den Tag legen, sind oft keine Teamvirtuosen mehr. Gerade ein Trommelhorn überfordert sein Team schnell, wenn es den inneren Druck, der es zur Perfektion antreibt, ungefiltert weitergibt. Qualitätsdenken darf nicht zur Marotte werden. Und Teammitglieder wegen Kleinigkeiten zu verdammen, sollte sich das Horn auch verkneifen. Als Ferdinand Piëch einmal das südafrikanische VW-Werk in Uitenhage besuchte, erkundigte er sich beim Werksrundgang nach »Punkt 5a«. Weder der Boss von VW Südafrika noch der Werksleiter noch der oberste Qualitätsmanager wussten, dass »5a« die VW-interne Bezeichnung für die Endkontrollstelle ist. Sie brauchten es jetzt auch nicht mehr zu lernen – Piëch feuerte alle drei.

Es mit der Perfektion nicht übertreiben

Übungen für das Horn als Teamvirtuosen

Richtig verstandenes Qualitätsdenken und Qualitätsmanagement ist ein sehr gutes Übungsfeld für das virtuose Horn. Hierzu gibt es verschiedene Ansätze, mit denen sich ein Horn auf Top-Level befassen kann. *Total-Quality-Management* (TQM), auch als umfassendes Qualitätsmanagement bezeichnet, ist eine Methode, die ihre Wurzeln in der japanischen Autoindustrie hat. Das Schöne an TQM: Wer es einführen möchte, benötigt die Unterstützung aller Mitarbeiter, um erfolgreich zu sein. Ohne hohe Sozialkompetenz ist diese Form des Qualitätsmanagements also kaum durchsetzbar. Das verbreitetste TQM-Konzept in Europa ist das *Model for Business Excellence* der *European Foundation for Quality Management* (EFQM). Dieses Modell verfolgt einen ganzheitlichen, ergebnisorientierten Ansatz. Es wurde als Antwort Europas auf die japanischen und amerikanischen Qualitätsphilosophien entwickelt und basiert auf den drei Säulen Menschen, Prozesse, Ergebnisse.

High Performance Organization (HPO) ist ein weiterer Ansatz, mit dem sich das virtuose Horn zu Übungszwecken befassen kann. Hier geht es um den Aufbau einer Hochleistungskultur in Unternehmen und um maximale Effektivität. Eine *High Performance Organization* zu schaffen, ist ein längerer Prozess, der auf vielen Ebenen gleichzeitig ansetzt. Zu den wichtigsten Ansatzpunkten zählen Unternehmensstrategie, Kunden und Führung. Alle Mitarbeiter sollten die Unternehmensstrategie und die Mission kennen. Der Dienst am Kunden steht im Mittelpunkt aller Überlegungen. Schließlich muss Führung gezielt die Stärken der Mitarbeiter fördern.

Mehr Übungen für das Horn als Teamvirtuosen finden Sie online. Folgen Sie einfach dem QR-Code am Rand dieser Seite.

Round-up: der Entwicklungsweg des Horns

Das Horn im Team ist von Anfang an präzise und ein sehr guter Planer. Das Team kann sich auf das Horn verlassen. Es macht Dinge zu Ende, die andere schleifen lassen. Auch die Intuition des Horns ist bereist voll ausgeprägt. Doch am Anfang seines Entwicklungswegs nimmt das Horn sich zu sehr zurück. Es ist kaum sichtbar und sagt selten, was es denkt und fühlt. Auch ist die Anspannung beim Horn zunächst sehr groß: Zwischen den Erwartungen des Horns und der Realität klafft eine große Lücke. Das Horn lernt, realistischer zu werden. Und es tritt mehr in den Vordergrund. Wenn es sich dann noch traut, über seine Eingebungen zu sprechen, wird es zum virtuosen Strippenzieher im Team.

Introvertierte, gefühlsbetonte, dabei kritische und leicht angespannte Menschen fühlen sich von der Teamrolle des Horns angezogen. Horn und Geige leiten gemeinsam die Gefühlskraft ins Team. Der stark gefühlsbetonte, aber auch stressanfällige und etwas sorgenvolle Typ hält sich von Natur aus gern im Hintergrund. In einem virtuosen Team können solche Charaktere lernen, sich mehr zu zeigen und mit ihrer inneren Anspannung besser umzugehen. Sie können ihr Bauchgefühl als positive Ressource entdecken. Ihre Sorge, dass etwas schieflaufen könnte, wird im weiter entwickelten Zustand zu einem ganz selbstverständlichen Qualitätsbewusstsein.

DREI IMPULSE FÜR SIE ALS HORN IM TEAM

Lernen Sie Umgang mit Stress! Nicht alles kann so laufen, wie Sie es sich wünschen. Üben Sie Toleranz und Gelassenheit!

Sorgen Sie für Genauigkeit und Qualität! Anderen Teammitgliedern fehlt oft die Geduld. Helfen Sie ihnen, dranzubleiben!

Sprechen Sie über Ihr Bauchgefühl! Je öfter Ihre Vorahnungen eintreten, desto mehr werden andere Sie als *Radar* schätzen.

VOM HELFER ZUM BRÜCKENBAUER: DIE GEIGE

»Ich glaube an die Kraft der Musik. Und ich weiß, wovon ich rede: Ich habe in Chile zu Pinochets Zeiten gespielt und in Argentinien, als dort die Junta das Sagen hatte. Ich bereue das nicht. Überhaupt nicht.«
Sting, Rockstar

Die Geige ist eine soziale, sensible und extravertierte Teamspielerin. Sie liebt es, gemeinsam harmonische Musikstücke aufzuführen. Lebhafter Austausch im Team und ein fairer Umgang sind ihr sehr wichtig.

Stärken der Geige:
- *ausgeprägte Hilfsbereitschaft*
- *Flexibilität und Anpassungsbereitschaft*
- *hohe Sozialkompetenz*
- *kommunikatives Geschick*

Schwächen der Geige:
- *mangelnde Entschlusskraft und Durchsetzungsfähigkeit*
- *schwach ausgeprägte Leistungsorientierung*

Wie gut spielen Sie in einem Team als Geige? Schätzen Sie Ihre Fähigkeiten spontan auf einer Skala von 1 bis 15 ein!

1	2	3	4	5	6	7	8	9	10	11	12	13	14	15
Einsteiger					Fortgeschrittene					Teamvirtuosen				

You're everything to me: die Geige als Einsteigerin

Ein sozial eingestellter, geselliger Gruppenmensch – das ist die Geige auf dem Einsteigerlevel. Sie ist extravertiert, positiv und kontaktfreudig. Zusammenarbeit ist für die Geige das Allerwichtigste. Allein zu arbeiten, so wie es das Horn als Einsteiger liebt, wäre für die Geige die Hölle. Sie beschäftigt sich bei der Arbeit ausgiebig mit den anderen Teammitgliedern und ist eine gute Zuhörerin. Wer Probleme hat und deshalb niedergeschlagen ist, dem macht die Geige erst mal einen Kaffee. Dann bietet sie ihm ein Gespräch an. Nicht nur für solche Gespräche, sondern überhaupt für die Belange anderer Menschen nimmt sich die Geige viel Zeit. Wenn das auf Kosten der Arbeitszeit geht, findet sie das als Einsteigerin nicht so schlimm. Effektivitätsstreben und Leistungsdenken sind ihr suspekt. Sie findet, dass das Menschliche dabei oft auf der Strecke bleibt.

Geigen sind oft so etwas wie die Seele eines Teams. Sie kümmern sich um ihre Kollegen und halten die Gruppe zusammen. Allerdings legen sie dabei am Anfang eine Naivität und eine Harmoniebedürftigkeit an den Tag, die ihnen zum Verhängnis werden können. Sie vertrauen jedem, auch wenn sie besser einmal vorsichtig wären. So sind sie leicht hereinzulegen und hinters Licht zu führen. Auch ordnen sich Geigen gerne unter und lassen anderen den Vortritt. Geigen sind nun mal flexibel und anpassungsbereit. Sie verzeihen viel. Doch wenn sie nicht aufpassen, gelten sie bei manchen als Weicheier, die man herumschubsen und ausnutzen kann.

 **Sozial, gesellig, kontaktfreudig**

Herausforderungen für die Geige als Einsteigerin

Die Geige möchte sämtlichen Teammitgliedern Gutes tun. Sie sieht alle Menschen als gleichwertig an. Das ist okay. Doch um Menschen gleich gut zu behandeln, ist es nötig, die Unterschiede zwischen ihnen wahrzunehmen. Nicht alle Teammitglieder haben dieselben Bedürfnisse. Der Bass zum Beispiel möchte auch mal in Ruhe gelassen werden und seine Arbeit tun. Und die Trommel hat nie die Zeit, so ausgiebig zu plaudern, wie die Geige es gerne täte. Diese Unterschiede muss die Geige als Einsteigerin lernen zu respektieren. Da ist Menschenkenntnis gefragt. Ab und zu ist auch mehr Vorsicht geboten. Vertrauen ist gut, doch wer allzu naiv vertraut, kann böse Überraschungen erleben.

Am liebsten hätte die Geige ein konfliktfreies Leben. Das ist natürlich unrealistisch. Die Geige sollte lernen, Konflikte als natürlich zu akzeptieren und darauf zu vertrauen, dass konstruktive Lösungen immer möglich sind. Wenn bei jedem Streit für die Geige eine Welt zusammenbricht, verbaut sie sich die Chance, zur Konfliktlösung entscheidend beizutragen. Sobald die Geige Konflikte nicht mehr unter den Teppich kehrt, sondern sich ihnen mutig stellt, kann sie zwei ihrer größten Talente einsetzen: Kommunikationsstärke und diplomatisches Geschick. Ja, es tut der Geige weh, wenn Menschen einander nicht verstehen. Ihr Schmerz sollte die Geige jedoch nicht lähmen, sondern dazu anspornen, aktiv für mehr Verständnis zu sorgen.

Risiken und Fallen für die Geige als Einsteigerin

Im Extremfall hat eine Geige kein Rückgrat. Sie auf etwas festlegen zu wollen, endet wie der Versuch, einen Pudding an die Wand zu nageln. So wirkt sie auf andere manchmal feige oder opportunistisch – dabei meint sie es nur gut. Sie will allen gerecht werden und niemanden bevorzugen. Hin und wieder ist es im Leben jedoch nötig, klar Stellung zu beziehen. Wer nie eine eigene Meinung hat, wird im Team auch nicht ernst genommen. Die Geige muss lernen, zu sich selbst zu stehen und unangenehme Gefühle oder Disharmonie in der Gruppe auch einmal auszuhalten. Dabei darf die Geige sich treu bleiben und muss ihre soziale Grundeinstellung nicht aufgeben.

Das Rückgrat einer Qualle?

Wohlgefühl im Team geht der Geige über alles. Auch das kann jedoch eine Falle sein. Wenn in einem Team Gute-Laune-Zwang herrscht, gären Konflikte unter der Oberfläche umso bedrohlicher. Gespielte Freundlichkeit ist keine Lösung, wenn es etwas zu klären gibt. Die

Geige sollte lernen, dass nach einem reinigenden Gewitter die Sonne wieder scheint. Geigen entgehen der Harmoniefalle, wenn sie aktiver werden. Harmonische Beziehungen sind – auch – Arbeit. Manchmal muss man auf der zwischenmenschlichen Ebene einiges investieren, bis es gut läuft. Abwarten ist dann keine Lösung. Sobald die Geige das begreift, entwickelt sich ihre soziale Ader zu echter Sozialkompetenz.

Übungen für die Geige als Einsteigerin

Eine sehr gute Übung für die Geige als Einsteigerin ist es, unterschiedliche Techniken des Konfliktmanagements zu erlernen. Konflikte zu versachlichen sowie zu erkennen, dass es immer mehrere Wege aus einem Konflikt gibt, tut der Geige gut. Dann wirkt ein einzelner Streit weniger bedrohlich. Ratgeberliteratur über Konfliktlösung kann helfen, die Scheu vor Konflikten abzulegen. Ein leicht verständliches Buch ist zum Beispiel *Vom Umgang mit sturen Eseln und beleidigten Leberwürsten: Wie Sie Konflikte kreativ lösen* von Ursula Wawrzinek (Klett-Cotta-Verlag). Anspruchsvoller ist das *Thomas Kilmann Conflict Mode Instrument* (TKI) zur Konfliktdiagnose und -lösung. Kilmann analysiert fünf gängige Wege der Konfliktbewältigung, worunter jedoch nur einer – der kollaborative Weg – den Konflikt wirklich nachhaltig auflöst.

Eine weitere gute Übung für die Geige ist es, mehr Fragen nach Gefühlen zu stellen, um die anderen Teammitglieder in ihrer jeweiligen Eigenart besser kennenzulernen. Hier kann es sich für die Geige zum Beispiel lohnen, die Technik des aktiven Zuhörens nach Carl Rogers zu erlernen. Die drei Säulen des aktiven Zuhörens sind Empathie, eigene Authentizität und bedingungslose Akzeptanz des Gegenübers. Für das Zuhören selbst hat Rogers bestimmte Regeln aufgestellt. Dazu zählen zum Beispiel Blickkontakt, Nachfragen bei Unklarheiten, bestätigende kurze Wiederholungen, ausreden lassen und Pausen zulassen. Aktives Zuhören hilft, Meinungsverschiedenheiten auszuhalten und sich nicht aus der Ruhe bringen zu lassen.

Mehr Übungen für die Geige als Einsteigerin finden Sie online. Folgen Sie einfach dem QR-Code am Rand dieser Seite.

We are family: die Geige als Fortgeschrittene

Die fortgeschrittene Geige sorgt aktiv für guten Teamgeist. Sie erzeugt Offenheit und unterstützt andere regelmäßig durch positives Feedback. Aus ihrem naiven Vertrauen ist eine kritisch-reflektierte Vertrauensbereitschaft geworden. Die Geige wird von den anderen Teammitgliedern auch selbst als vertrauenswürdig und integer angesehen. Kollegen kommen jetzt nicht mehr zur Geige, um ihre Probleme »abzuladen«, sondern nehmen sie als Beraterin und Vermittlerin in Anspruch. Die Geige geht Konflikten auch nicht mehr aus dem Weg, sondern setzt ihr Talent zur Konfliktlösung bewusst ein.

Aktiv beraten und vermitteln

Auch legt die fortgeschrittene Geige ein ausgeprägtes kommunikatives Geschick an den Tag und benutzt ihren Humor, ihr Taktgefühl und ihre Diplomatie, um die Beziehungen zwischen Menschen so gut wie möglich zu gestalten. Sie setzt ihre emotionale Intelligenz ein, um unausgesprochene Gefühle im Team zu thematisieren. Harmonie ist für die fortgeschrittene Geige kein Selbstzweck mehr, sondern sie hat gelernt, sich an den Zielen des Teams zu orientieren. Trotzdem ist das Ergebnis für sie nie das Wichtigste. Da unterscheidet sie sich vor allem von Trommel und Klavier. Die menschliche Ebene muss stimmen, alle sollen sich wohlfühlen. Jedoch nicht mehr um den Preis einer Scheinharmonie.

Herausforderungen für die Geige als Fortgeschrittene

Die fortgeschrittene Geige bleibt herausgefordert, noch mehr Initiative zu zeigen. Sie sollte jede Scheu ablegen, direkt auf Probleme zuzusteuern und auch einmal den Finger in die Wunde zu legen. Nur wenn ein Problem erkannt wird, kann es auch gelöst werden. Die Geige kann lernen, Konflikte direkt zu thematisieren und aktiv Lösungen vorzuschlagen. Während das Horn hauptsächlich Stress in sich selbst spürt, nimmt die Geige mehr die Spannungen bei anderen wahr. Sie kann deshalb gut dazu beitragen, den Stress anderer abzubauen. Dabei geht es der Geige immer um das ganze Team und nicht nur um einzelne Personen.

Niemand ist berufener als die Geige, dafür zu sorgen, dass es dem ganzen Team dauerhaft gut geht. Die fortgeschrittene Geige sollte hier Verantwortung übernehmen, sich aktiv einmischen und Vorschläge machen, damit alle geistig und körperlich fit bleiben. Gibt es ein Anti-Stress-Seminar, das das Team besuchen könnte? Wie sieht es mit gesunder Ernährung aus? Welche Angebote für Familien sollte es in einem Unternehmen geben? Der Geige fällt hier sicher einiges ein, was sie vorschlagen kann. Zur Sorge um das Wohlergehen des Teams gehört auch, sich darum zu kümmern, dass Grenzen gewahrt bleiben. Gibt es zum Beispiel zu viel Druck von oben auf ein Team? Oder herrscht gar soziale Ungerechtigkeit? Dann sollte die Geige sich für bessere Arbeitsbedingungen engagieren.

Dem ganzen Team kann es gut gehen.

Risiken und Fallen für die Geige als Fortgeschrittene

Auch fortgeschrittene Geigen warten oft zu lange ab, bis sie den Mund aufmachen und sich einmischen. Dadurch kann wertvolle Zeit verloren gehen, in der die Geige bereits einen wichtigen Beitrag hätte leisten können. Insbesondere Konflikte können weiter eskalieren, während die Geige sich mit ihrem diplomatischen Talent noch zurückhält. Wenn die Geige sich schließlich meldet, muss sie aufpassen, nicht zu gefühlsselig zu werden. Ja, sie soll und darf für gute Gefühle sorgen, die Professionalität und Produktivität des Teams sollte darunter aber nicht leiden. Letztlich zählen für das Team die Ergebnisse. Das ist für die Geige eine heikle Balance, die sie mit der Zeit jedoch immer besser herstellen kann.

Aufgrund ihrer sozialen Einstellung sind Geigen immer etwas gefährdet, sich für das Team zu sehr aufzuopfern. Das kann in Frust und Tränen enden. Ab und zu sollte die Geige sich sagen: Ich bin wichtig! Oder: Jetzt bin ich auch mal dran! Geigen fällt es manchmal schwer, gut genug für sich selbst zu sorgen. Sie haben immer die anderen im Blick. Oft genauso schwer fällt es ihnen, nein zu sagen. Selbst fortgeschrittenen Geigen tut ein Nein oft noch weh. Doch auch das lässt sich erlernen. Hilfreich ist hier wiederum, die Teamziele im Blick zu behalten. Selten führt es zum Ziel, es allen möglichst leicht zu machen. Ja-Sager vergeben regelmäßig gute Chancen.

Übungen für die Geige als Fortgeschrittene

Sich mit dem Thema Coaching zu beschäftigen ist eine sehr passende Übung für die fortgeschrittene Geige. »Coaching ist eine Kunst, die vor allem mit Aufmerksamkeit, Achtsamkeit und Mitmenschlichkeit zu tun hat«, schreibt Sabine Asgodom, Deutschlands vielleicht bekanntester Coach, in ihrem Buch *So coache ich* (Kösel-Verlag, S. 20). Sabine Asgodom nennt einige Fähigkeiten, die einen guten Coach ausmachen (S. 21). Dazu zählen unter anderem:

- Spüren, worum es wirklich geht
- Reflektieren, was ist
- Spielchen hinter der Geschichte erkennen
- Alternativen für zukunftsgerichtetes Handeln entwerfen

Nach einer Definition des Amerikaners Robert Hamlin geht es beim Coaching immer darum, bestehende Fähigkeiten, Kompetenzen oder Leistungen zu verbessern sowie Effektivität, Entwicklung oder Wachstum einer Person zu fördern. Für die fortgeschrittene Geige kann sich vielleicht sogar eine Coachingausbildung lohnen.

Daneben kann die Geige auch ihre Fähigkeiten der Vermittlung in Konflikten verbessern, indem sie sich mit Mediation beschäftigt. Auch zum Mediator gibt es zahlreiche Möglichkeiten, sich ausbilden zu lassen. Ein weiterer Tipp: Die Technik des *Appreciative Inquiry* (AI), die ich der fortgeschrittenen Harfe empfohlen habe, ist eine mindestens ebenso gute Übung für die Geige. Für die Geige geht es hier weniger um die richtige Dosierung von Kritik als um eine Vertiefung ihrer Menschenkenntnis.

 Mehr Übungen für die Geige als Fortgeschrittene finden Sie online. Folgen Sie einfach dem QR-Code am Rand dieser Seite.

Live together in perfect harmony: die Geige als Teamvirtuosin

Als Teamvirtuosin hat die Geige ein klares Profil. Sie weiß, was sie kann. Sie mischt sich ein. Sie schlägt aktiv Problemlösungen vor. Virtuose Geigen sind geschickte Vermittler, Diplomaten und Brückenbauer. Sie verfügen über sehr viel Empathie und Menschenkenntnis. Als Konzernvorstände oder Geschäftsführer großer Unternehmen findet man virtuose Geigen eher selten. Wenn sie doch der Boss sind, dann definieren sie ihre Führungsaufgabe typischerweise als bestmögliche Unterstützung aller Mitarbeiter. Eine vorbildliche Unternehmenskultur und ein angenehmes Betriebsklima sind der virtuosen Geige sehr wichtig. Charakteristisch für virtuose Geigen ist es, Probleme zu lösen, Ressourcen zu aktivieren und in Konflikten zu vermitteln.

Öfter als auf Chefsesseln findet man virtuose Geigen in Personalabteilungen. Im HR-Bereich sind sie überzeugte Persönlichkeitsentwickler. Damit unterscheiden sie sich deutlich von jenen bürokratischen Personalern, die mehr verwalten als gestalten. Auch im Bereich Training, Beratung und Coaching sind virtuose Geigen häufig vertreten. Am liebsten arbeiten sie in Teams und für Teams, zum Beispiel in der Organisationsentwicklung. Wie geschaffen für die Geige als Teamvirtuosin ist übrigens auch die Rolle des Spitzendiplomaten in der internationalen Politik. Als Teamvirtuosin hat die Geige jede Naivität abgelegt. Sie stiftet Harmonie und bleibt dabei konzentriert auf das Machbare.

 **In Teams für Teams arbeiten**

Herausforderungen für die Geige als Teamvirtuosin

Reaktionsschnelligkeit – daran kann auch die virtuose Geige weiter arbeiten. Geigen sind von Natur aus eher langsam und nehmen sich gerne viel Zeit für alles. In der Welt der hohen Diplomatie ist das selten ein Problem. Doch in der Wirtschaft dreht sich alles immer schneller. Teams kommen zusammen und trennen sich bald wieder. Probleme in der Zusammenarbeit müssen deshalb heute schnell erkannt und gelöst werden. Die virtuose Geige kann hier weiter üben, Situationen schnell zu verstehen, die Ursachen von Konflikten möglichst früh zu erkennen und dann sofort zu reagieren.

Ein weiterer heikler Punkt, selbst für virtuose Geigen: Position beziehen. Bei einer Meinung bleiben und diese verteidigen. Generell sind Geigen sehr schnell umzustimmen. Auch Kompromisse lassen sich mit keiner anderen Teamrolle leichter schließen. Auf dem virtuosen Level darf die Geige aber auch einmal Ecken und Kanten haben. Sonst wird sie zum Beispiel als Vorgesetzte nie recht ernst genommen werden. Am leichtesten dürfte es der virtuosen Geige fallen, für Positionen zu kämpfen, die mit ihren Grundüberzeugungen zu tun haben. So gibt es Geigen, die sich für Chancengleichheit oder soziale Gerechtigkeit leidenschaftlich engagieren – und dabei oft kein Blatt vor den Mund nehmen.

Risiken und Fallen für die Geige als Teamvirtuosin

Engagement tut der Geige in jedem Fall gut. Das bedeutet im Umkehrschluss: Passivität bleibt eine Falle. Auch virtuose Geigen zögern manchmal zu lange, wenn sich ihnen eine Chance zur Profilierung bietet. Sie wollen sich nicht zu sehr in den Vordergrund drängen. Oder sie möchten sich erst mit möglichst vielen anderen abstimmen. Und – schon ist die Chance vorbei! Manchmal muss man einfach zugreifen, sich ein Stück vom Kuchen nehmen, die Bühne für sich beanspruchen und Aufmerksamkeit einfordern. Das gilt auch für die Geige. Hier kann die Geige von einer Trompete vieles lernen. Auch mal als Individuum sichtbar zu sein und nicht in der Gruppe zu verschwinden, bedeutet ja nicht gleich, ein Riesen-Ego an den Tag zu legen.

Wenn die virtuose Geige nicht aufpasst und zu wenig Rückgrat zeigt, kann es außerdem passieren, dass sie opportunistisch wird. Ein altes, übertriebenes Harmoniebedürfnis kommt in einem solchen Fall noch einmal hoch. Die Geige möchte mit einer Gruppe »mitschwingen« – und das kann gefährlich sein. Im Extremfall lässt sich die Geige von geschickter Unternehmens-PR oder von der Propaganda diktatorischer Staaten regelrecht einlullen. Hinterher bereut die Geige dann manchmal, nicht besser aufgepasst zu haben. Wachsam und konsequent ist hier zum Beispiel Rockstar Sting: Er trat in Diktaturen auf, solange er das Gefühl hatte, die Menschen dort erreichen und Brücken bauen zu können. Wenn er jedoch fürchtete, instrumentalisiert zu werden oder nur für die politische Elite zu spielen, wie 2011 in Kasachstan, sagte er Konzerte ab.

Bitte keinen Opportunismus!

Übungen für die Geige als Teamvirtuosin

Diversity-Management ist ein sehr gutes Übungsfeld für die Geige als Teamvirtuosin. Längst geht es beim Thema Diversity um mehr als Gleichstellung von Frauen und Integration von Minderheiten. Die Leitfrage lautet heute: Wie lassen sich Unterschiede produktiv nutzen? Bei den Unterschieden, die Diversity-Management betrachtet, handelt es sich laut Wikipedia »zum einen um die äußerlich wahrnehmbaren Unterschiede, von denen die wichtigsten Geschlecht, Ethnie, Alter und Behinderung sind, zum anderen um subjektive Unterschiede wie sexuelle Orientierung, Religion und Lebensstil«. Immer mehr Unternehmen sehen Vielfalt als Quelle von Kreativität und Innovation. Das Buch *The Rise of the Creative Class* von Richard Florida lieferte dazu bereits vor über zehn Jahren wegweisende Studien und Erkenntnisse.

Die Unterschiede zwischen Menschen drücken sich nicht zuletzt in Wertesystemen aus. Modelle wie *Spiral Dynamics* bzw. *9 Levels of*

Value Systems (siehe bei den Übungen für die virtuose Trommel) helfen deshalb auch der Geige, Menschen und soziale Systeme besser zu verstehen. Vielleicht beginnt die virtuose Geige ja sogar, sich für Anthropologie oder Soziologie zu interessieren? Eine deutlich praktischere Übung ist das Teamcoaching, auch Gruppencoaching genannt. Dabei werden keine Individuen, sondern Teams und Gruppen von bis zu ca. 15 Personen gemeinsam gecoacht. Für das Teamcoaching gibt es bestimmte Regeln und Techniken, die sich vom Einzelcoaching unterscheiden. Anwendung findet das Teamcoaching zum Beispiel in Projekt- oder Managementteams.

> **Mehr Übungen für die Geige als Teamvirtuosin finden Sie online. Folgen Sie einfach dem QR-Code am Rand dieser Seite.**

Round-up: der Entwicklungsweg der Geige

Während die Gitarre oft Probleme hat, sich überhaupt in ein Team zu integrieren, ist es bei der Geige genau umgekehrt: Sie ist von vornherein ein Gruppenwesen und läuft deshalb Gefahr, zu sehr im Team aufzugehen. Die Geige möchte am liebsten in ihrer Gruppe mitschwingen wie die Na'vi in dem Film *Avatar* von James Cameron – alle sitzen im Kreis und wiegen sich in Harmonie. Schritt für Schritt lernt die Geige, dass Konflikte nicht nur unvermeidbar sind, sondern die Gruppe sogar weiterbringen können. Sie ordnet sich auch nicht mehr um jeden Preis unter, sondern meldet sich zu Wort und setzt ihr Talent als Brückenbauerin ein.

Die Teamrolle der Geige zieht Menschen an, die sich – zumindest am Anfang ihrer beruflichen Laufbahn – gerne unterordnen. Es sind gesellige, offene, kommunikative und durchaus extravertierte Menschen, die jedoch nicht besonders leistungsorientiert sind und in einer Gruppe nicht auffallen wollen. Schon in den meisten Schul-

Gemeinsamkeit geht über alles.

klassen gibt es diese warmherzigen Mitmacher, die keinen besonderen Ehrgeiz zu haben scheinen, dafür immer freundlich und hilfsbereit sind. Belbin nannte die Geige *Teamworker*, und tatsächlich scheint ihr Gemeinsamkeit über alles zu gehen. Oft bleibt sie eher Mitarbeiterin, als zur Top-Führungskraft zu werden. Trotzdem sollte sie den Mut entwickeln, ihr volles Potenzial zu entfalten und einzubringen.

DREI IMPULSE FÜR SIE ALS GEIGE IM TEAM

Mischen Sie sich ein! Ihr Talent, Konflikte zu lösen, kann sich erst dann voll entfalten, wenn Sie sich aktiv als Vermittler anbieten.

Beziehen Sie Stellung! Gute Kompromisse setzen voraus, dass zunächst die Positionen klar sind.

Behalten Sie die Ergebnisse im Blick! Gute Gefühle sind wichtig, aber nicht alles. Effizienz und Effektivität gehören im Arbeitsleben dazu.

TEIL V:
DREAMTEAM FINALE

“ *Ich habe immer versucht, noch höher zu singen und den Ton länger zu halten – als würde es darum gehen, die Olympischen Spiele des Singens zu gewinnen. Was ein Irrtum ist. Deshalb singe ich jetzt auch viel natürlicher und normaler.* **”**

Céline Dion, Popstar

CHAMPIONS ODER GURKENTRUPPE? DER LANGE WEG ZUM SPITZENTEAM

 »Wir hatten nie einen Masterplan. Das hat sich organisch entwickelt.
Es sieht alles furchtbar berechnend aus, aber so war es nicht.«
Roger Taylor, Rockmusiker und Gründungsmitglied von *Queen*

Die Frau ist um die 50, freundlich, offen und mir auf Anhieb sympathisch. »Ich bin hier die Teammanagerin«, hat sie sich vorgestellt. Wir sind an einer Berufsschule in einem Vorort von Amsterdam. Ihr »Team«, das sind andere Lehrerinnen und Lehrer. Nicht viele in Holland dürften sie um ihren Job beneiden. Denn die Berufsschule ist ein Spiegel der sozialen Probleme in diesem von hoher Arbeitslosigkeit, interkulturellen Schwierigkeiten und alltäglicher Kriminalität geprägten Viertel. Meine Gesprächspartnerin hat noch lange nicht resigniert. Sie möchte etwas ändern. Sie sagt nur: »Es ist so schwierig …«

»Wie viele Leute hast du im Team?«, frage ich.

»Wir sind 40 Leute«, antwortet sie. Ich bin überrascht.

»Wie wollt ihr mit 40 Leuten zusammenarbeiten?«, frage ich nach. »Was sind eure gemeinsamen Ziele?«

»Die Kollegen machen ihre Arbeit«, sagt sie vorsichtig. Ich scheine einen wunden Punkt getroffen zu haben. »Unser Ziel ist, dass alle Schüler einen Abschluss schaffen. Das probieren die Kollegen jeweils auf ihre Weise.« Sie zögert einen Moment, dann fährt sie fort: »Da sind Leute im Team, mit denen ließe sich echt was bewegen. Aber andere, die sind 20 oder 30 Jahre Lehrer, die haben keine Lust mehr. Sie sind wie Bürokraten. Es ist wirklich schwierig …«

Ich spreche mit einer Teammanagerin – doch ein Team ist weit und breit nicht zu sehen.

Team ist ein Containerwort geworden – wie in einen großen Behälter werfen Leute alle möglichen Bedeutungen hinein. Neulich war ich auf einer Unternehmensveranstaltung und der CEO rief seinen 300 versammelten Mitarbeitern zu: »Jungs, wir sind ein starkes Team!« Geht's noch? Sorry, Boss: 300 Leute können kein Team sein! Belegschaft, Abteilung, Führungskreis – das alles meinetwegen, aber nicht Team! Denn sonst wäre ja praktisch jede Gruppe von Menschen, die irgendwie in einem Arbeitskontext zusammenkommt, ein Team. Dann würde der Begriff Team überhaupt keinen Sinn mehr ergeben. In meinem Verständnis ist auch ein Kollegium aus 40 Lehrern kein Team. Selbst wenn die Koordinatorin dieser Gruppe sich Teammanagerin nennt. Bevor es um den Weg zum Spitzenteam geht, möchte ich deshalb mit ein paar verbreiteten Missverständnissen zum Thema Team aufräumen. Hier sind meine Beobachtungen:

Sieben Missverständnisse beim Thema Team

Erstes Missverständnis:
Teams können beliebig groß sein

Echte Teams, mit dem Potenzial zum absoluten Spitzenteam, bestehen aus fünf bis acht Leuten. Jetzt höre ich schon die Proteste: Warum nicht zehn? Wieso nicht zwölf? Ja, ich weiß: Auch diese und noch ganz andere Zahlen finden sich in der Literatur. Manchmal wird da bis auf die alten Römer zurückgegriffen, in deren Militärorganisation die Zehnerschritte eine besondere Rolle spielten. Bei den Teams der Zukunft sprechen wir jedoch nicht von autoritär geführten Gruppen, sondern von einem zunehmenden Grad an Selbststeuerung. Dass sich auch mehr als acht Leute ganz gut herumkommandieren lassen, ist mir klar. Doch wie sieht es mit der Fähigkeit zu echter Zusammenarbeit aus?

Bei sich selbst organisierenden Teams, die gemeinsam Aufgaben lösen sollen, hat sich in Experimenten Folgendes gezeigt: Bereits ab sechs bis acht Leuten beginnen sich informelle Untergruppen zu bilden. Diese Grüppchenbildung kann zum Beispiel auf ähnlichen Charaktereigenschaften oder gleichem Fachwissen basieren. Ab neun Personen wird es dann auch schwierig, allen zuzuhören und sich abzustimmen. Das kostet einfach zu viel Zeit. Bei größeren Gruppen finden außerdem immer erst die Extravertierten Gehör – und die Introvertierten gar nicht oder zu wenig. In kleineren Gruppen kommt es schneller dazu, dass alle berücksichtigt werden und sich eine Balance einstellt. Fünf bis acht Leute sind optimal für ein Team. Manchmal sind Kompromisse nötig, das ist klar.

FEEL THE BEAT

Wie viele Leute hat Ihr Team?

Zweites Missverständnis:
Alles, was sich Team nennt, ist auch ein Team

Das Ziel macht das Team. Ohne Ziel kein Team. Und nur weil jemand Teamleiter auf seiner Visitenkarte stehen hat, sind seine Leute noch lange kein Team. Eine Gruppe von Menschen, die dieselbe oder ähnliche Arbeit macht und von einer Führungskraft beaufsichtigt wird, ist einfach so etwas wie eine Gruppe oder eine Organisationseinheit. In einem echten Team gibt es ein gemeinsames Ziel, das die Teammitglieder auch nur gemeinsam erreichen können. Das Ziel sorgt überhaupt erst dafür, dass Menschen im Team zusammenarbeiten. Wenn ein anspruchsvolles Ziel im Team erreicht werden soll, dann folgt daraus außerdem, dass der schnellste Weg zum Ziel in der Kombination unterschiedlicher Talente besteht. Es gibt dementsprechend auch keine Teams, die ein für alle Mal spitze sind – alles hängt von den jeweiligen Zielen ab. Oder würden Sie für ein Rockkonzert Mitglieder der Wiener Philharmoniker engagieren? Selbst wenn die Philharmoniker sich alle Mühe gäben zu rocken, wären sie kaum auf Anhieb eine Spitzenrockband. Je nach Ziel werden eben unterschiedliche Talente gebraucht – und es müssen die Teamrollen entsprechend besetzt werden.

FEEL THE BEAT

Was sind Ihre Ziele?
Verlangen diese Ziele nach Teamarbeit?

Drittes Missverständnis:
Teams sind nach Verfügbarkeit formbar

Darauf habe ich schon in meinem ersten Buch *Macht Musik* hingewiesen: Die Leute zu nehmen, die gerade zufällig frei sind, und daraus ein Team zusammenzustellen – das funktioniert selten optimal. Leider geht es in den Unternehmen, die ich kenne, meistens noch nach Verfügbarkeit. Da soll ein Projektteam entstehen und die Vorgesetzten fragen sich, welche Leute sie wo abziehen und in das Team stecken können. Wer in Zukunft Spitzenteams haben möchte, der sollte nicht mehr in Manpower im Sinne von menschlicher Verfügungsmasse denken. Stattdessen muss er sich Gedanken machen, wie er jederzeit für seine Ziele an die richtigen Talente kommt.

FEEL THE BEAT

Welche Talente brauchen Sie für Ihre heutigen und Ihre zukünftigen Ziele?

Viertes Missverständnis:
Man kann in mehreren Teams produktiv sein

Immer mehr Mitarbeiter gehören heute mehreren Teams gleichzeitig an. Bei Führungskräften beobachte ich manchmal sogar, dass sie sich den halben Tag von Meeting zu Meeting schleppen. Und überall fühlen sie sich als Mitglied des Teams. Dabei haben sie oft schon

Schwierigkeiten, sich zu erinnern, worum es im letzten Meeting eines ihrer Teams überhaupt ging. Tatsache ist: Wir können uns immer nur auf wenige andere Menschen und deren Chancen und Probleme wirklich konzentrieren. Die allermeisten Menschen möchten deshalb auch nur einen anderen Menschen heiraten und nur eine Familie gründen und finden Polygamie keine so gute Idee. Wer auf zu vielen Hochzeiten tanzt, der bleibt eben schnell an der Oberfläche. In echten Spitzenteams setzen sich hingegen alle Teammitglieder intensiv mit allen anderen auseinander. Sie tragen Konflikte produktiv aus, lernen voneinander und unterstützen sich gegenseitig. Das ist anspruchsvoll genug. In drei Teams gleichzeitig geht so etwas nicht ohne Verluste an Produktivität.

FEEL THE BEAT

In wie vielen Teams arbeiten Sie gerade gleichzeitig?

Fünftes Missverständnis:
Teams sollen dieselben Ideen haben wie das Management

Wie oft ich das schon erlebt habe: Manager stellen ein Team zusammen und geben ihm auch eine gewisse Freiheit. Doch wehe, die Teammitglieder nutzen diese Freiheit, um auf bessere Ideen zu kommen als das Management. Dann werden diese Ideen konsequent abgeblockt. Was für ein Wahnsinn! Die ganze Kreativität des Teams verpufft, weil es von oben Denkverbote gibt – oft lediglich aus Eitelkeit. Die Chefs meinen, sie müssten selbst die besten Ideen haben. Von der durch das Management ausgegebenen Linie darf deshalb nicht abgewichen werden. Ich sage: Spitzenteams müssen rebellisch sein dürfen! Disruptive Unternehmen sind rebellisch. Sie sind gierig nach neuen Ideen – egal von wem diese stammen. Wie wäre es hiermit: Ab und zu mal ein Team zusammenstellen, dessen einzige Aufgabe es ist, die heutige Unternehmensstrategie zu knacken – egal, ob sich dieses Team für einen halben Tag oder ein halbes Jahr trifft? Eine holländische Supermarktkette lässt ihre Strategie und ihre Prozesse sogar regelmäßig von BWL-Studenten »zerlegen«. Das geschieht mit einer *24-Stunden-Challenge*. Durch eines dieser Events ist die Firma sogar einmal auf ein IT-Projekt zur effizienteren Regalauffüllung aufmerksam geworden. Sie hat dies schließlich eingeführt und damit enorm viel Zeit und Geld gespart.

FEEL THE BEAT

Dürfen Sie in Ihrem Unternehmen rebellieren?

Sechstes Missverständnis: Hierarchie + Funktion = Effizienz

Wenn es an die Zusammensetzung von Teams geht, wird in vielen Fällen immer noch einseitig auf die funktionalen und hierarchischen Rollen geschaut. Also zum Beispiel: Wir brauchen einen Leiter, zwei Ingenieure, einen Assistenten und so weiter. Klar können funktionale und hierarchische Rollen nicht überall außen vor bleiben. Doch Meredith Belbin konnte eindeutig nachweisen: Spitzenleistung im Team entsteht aus der richtigen Mischung der Teamrollen. Ein besonders krasses Beispiel für das Missverständnis, dass Hierarchie für Effizienz sorgen könnte, habe ich im Gesundheitswesen erlebt. Eine große Pflegeeinrichtung wollte Kosten sparen. Deshalb ernannte das Management mehrere Hundert »Teammanager«, die jeweils zehn Leute als »Team« unter sich hatten.

Die Aufgabe dieser sogenannten Teammanager bestand schlicht darin, ihren Kollegen auf die Finger zu schauen, damit sie weniger Kosten verursachen, zum Beispiel durch solche banalen Sachen wie den sparsameren Umgang mit Wasser und Seife. Das Ergebnis war ebenso vorhersehbar wie verheerend: nichts als Ärger. Viele langjährige Mitarbeiter kündigten, weil sie sich nicht plötzlich vorschreiben lassen wollten, wie sie ihre Arbeit zu erledigen hatten. In *richtigen* Teams ist es ein Leichtes, sich mehr Kosteneffizienz zum Ziel zu setzen – und dieses Ziel auch *gemeinsam* zu erreichen. Solche Teams können allerdings nicht aus Aufpassern und Untergebenen bestehen.

Siebtes Missverständnis:
Teammitglieder lassen sich individuell bewerten und belohnen

Gemeinsam ein Ziel erreichen, aber unterschiedliche Belohnungen kassieren – wie lange kann das noch gut gehen? In Spitzenteams ist jedes Mitglied gleich wichtig. Deshalb darf es keine unterschiedlichen Belohnungen geben. Jetzt sagen einige: Im Fußball ist das doch auch so – ein Ribéry verdient 11 Millionen im Jahr, ein Robben 5,5 Millionen und ein Müller »nur« zwei Millionen. Dabei spielen alle im selben Team – bis sie anderswo mehr verdienen können. Im Sport geht es allein nach Marktwert. In Unternehmen aber nicht! Diese beiden Welten sind nicht vergleichbar. In Unternehmen entscheiden Vorgesetzte über den Wert einer Leistung von Untergebenen. Und da fangen die Probleme dann an. In welchen Unternehmen gibt es schon Teamfeedback-Runden? Gearbeitet wird gemeinsam, doch zur Leistungsbewertung müssen dann alle einzeln beim Vorgesetzten antreten. So kommen unterschiedliche Gehälter zustande – anders als im Sport jedoch nicht durch Marktprozesse, sondern primär durch Machtstrukturen. Die Folge sind Schieflagen. Individuelle Konflikte gären im Untergrund und gefährden die Teamleistung. Spitzenteams der Zukunft werden über das Thema Belohnung neu nachdenken. Unternehmen werden sich auch fragen: Sollen CEOs das 2000-Fache von Mitarbeitern verdienen? Leisten sie auch 2000-mal so viel?

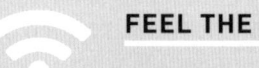
Vielleicht sind wir uns ja jetzt halbwegs einig, was ein *echtes* Team ist? Ich hätte noch ein achtes Missverständnis nennen können, nämlich dass es möglich ist, auf Anhieb ein Spitzenteam zu haben. Ich will es aber lieber positiv formulieren: Teams können, müssen, dürfen sich entwickeln! Was ich im vorherigen Teil des Buchs für jedes einzelne Instrument beschrieben habe, gilt auch für Teams: Es gibt Einsteigerteams, fortgeschrittene Teams und virtuose Teams. Für den Fall, dass Teams länger zusammenbleiben, können sie sich positiv entwickeln. Doch auch wenn Teams sich immer wieder neu formen, können die Teammitglieder dafür sorgen, dass es zunehmend Spitzenteams werden.

Drei Entwicklungsstufen auch bei Teams

WAS IST EIN SPITZENTEAM?

Ein Spitzenteam definiere ich so: eine Gruppe von fünf bis acht Menschen, die ein Gesamtziel hat, das den Einsatz unterschiedlicher Talente erfordert. Dabei gibt es eine gemeinsame Verantwortung, das Ziel zu erreichen. Diese Gesamtverantwortung erstreckt sich auch darauf, für Fehler gemeinsam einzustehen. Alle Mitglieder haben ein echtes Interesse an persönlicher Entwicklung und unterstützen sich dabei gegenseitig.

Woran erkennt man nun echte Spitzenteams? Was unterscheidet sie von Gurkentruppen? Wie sieht es dazwischen aus? An welchen Merkmalen erkennen Sie, ob ein Team gar nicht, ganz okay oder spitzenmäßig funktioniert? Darum soll es jetzt gehen.

I'm a loser, baby: die Gurkentruppe

Jeder kennt sie, aber nicht jeder erkennt sie sofort: Teams, die so gar nicht funktionieren, ja die oft überhaupt keine richtigen Teams sind, selbst wenn ihnen das selbst kaum auffällt. Solche Gurkentruppen gibt es überall – bei Putzkolonnen, in Vertriebsorganisationen und in Vorstandsetagen. Als abschreckendes, aber immerhin lustiges Beispiel möchte ich Ihnen von der bestbezahlten Gurkentruppe erzählen, die ich jemals kennengelernt habe. Die Jungs waren top ausgebildet, die meisten mit MBA, und verdienten an die 500 000 Euro im Jahr plus Boni. Sie nannten sich das *European Management Team* einer US-Technologiefirma. War da Verantwortung für ein gemeinsames Ziel? Kaum. Stattdessen gab es jeden Dienstag eine Telefonkonferenz mit dem CEO aus den USA. Es war der dritte in fünf Jahren – und auch er würde gehen müssen, sobald seine Quartalszahlen mehrmals hintereinander schlecht wären. Da fragte also Big Boss dann jedes Teammitglied ab so wie ein Lehrer, der die Hausaufgaben seiner Schüler kontrolliert – alle einzeln natürlich. Die Gespräche liefen so wie das hier:

CEO: »Okay, was ist deine Zahl?«
Manager: »Habe ich dir doch gestern gemailt.«
CEO: »Ich will sie von *dir* hören.«
Manager: »Eine Million.«
CEO: »Das reicht nicht. Wir brauchen 1,2 Millionen.«
Manager: »Tja …«
CEO: »Was willst du tun, um auf 1,2 Millionen zu kommen?«

Der Manager macht jetzt mit seinem Smartphone ein Selfie, auf dem er wie erledigt auf dem Tisch liegt, und schickt es an die anderen Teilnehmer der Telefonkonferenz – außer dem CEO.

CEO: »Warum lacht ihr alle? Was ist so lustig? Verdammt!«

Lachen Sie ruhig mit! Ich jedenfalls kann mich immer noch wegwerfen vor Lachen bei der Geschichte. Was für eine Gurkentruppe: hoch bezahlte Manager wie Schuljungs vor ihrem Klassenlehrer. Der Manager, durch den ich den Kontakt zu dieser Truppe hatte, kündigte übrigens kurze Zeit später. Ich kann das verstehen. Kurz bevor er gegangen ist, musste er noch zu einem Evaluierungsgespräch erscheinen. Das fand in Mailand statt. Dort traf der Manager nach der zweistündigen Flugreise auf eine Amerikanerin, die sich *HR Director* nannte. Ich mache es kurz: Sie hatte von nichts eine Ahnung, was in der Firma vor sich ging. Trotzdem war es ihre Aufgabe, die Leistung des Managers zu bewerten. Nachdem sie eine halbe Stunde lang Fragen nach Fakten gestellt hatte, die sie im Quartalsbericht hätte nachlesen können, brach der Manager das Gespräch ab. Er fühlte sich verschaukelt – und das zu Recht.

Ich bin mir fast sicher, Sie kennen ähnliche Gurkentruppen. Oder haben zumindest schon mal von welchen gehört. Hier sind die Erkennungsmerkmale von Teams auf dem absoluten Einsteigerlevel:

- Entweder es gibt ständig Konflikte oder gar keine. Dauerstreit ist ein ebenso schlechtes Zeichen wie totale Harmonie. Ich kenne viele dilettantische Teams, die sagen: Bei uns läuft alles super, wir haben nie Probleme. Keine Probleme bedeutet allerdings auch: keine Herausforderung, keine Entwicklung, kein Wachstum. Manche Teams scheinen Selbstläufer zu sein – doch gerade das ist gefährlich.

- Einsteigerteams messen sich nicht gerne an der Außenwelt. Sie leben in ihrer eigenen Wirklichkeit und haben ihre eigene Wahrheit. Sie sind sich dessen kaum bewusst, was sie tun und wie sie damit im Vergleich zu anderen dastehen. Entsprechend schnell sind die Mitglieder solcher Teams beleidigt und eingeschnappt, wenn sie von außen kritisiert oder korrigiert werden.

- Es gibt keine Reflexion über Ziele. Das gemeinsame Ziel wird entweder als bekannt vorausgesetzt – oder einmal ausgegeben und dann nie wieder betrachtet. Einsteigerteams schauen sich selten bis nie an, wo sie im Hinblick auf ihre Ziele gerade stehen. Sie diskutieren nicht oder nicht ausreichend darüber, wann sie ihre Ziele ändern, korrigieren oder modifizieren müssen.

- Keiner weiß genau, was die Talente der anderen sind. Deshalb können Talente auch nicht wechselseitig gefördert werden. Oft sind Talente überhaupt kein Thema. Der ganze Fokus liegt auf den funktionalen und hierarchischen Rollen sowie den anstehenden Aufgaben.

- Wenn es in solchen Teams Konflikte gibt, dann sind sie nicht produktiv. Streit wird destruktiv ausgetragen. Alle denken hauptsächlich an sich. Es kann zu Mobbing und Einschüchterungen kommen. Da Konflikte nicht gelöst werden, gibt es typischerweise Dinge, die unter der Oberfläche gären – manchmal lange Zeit. In solchen Teams sind auch Reizthemen und Tabus häufig anzutreffen. Neulinge merken schnell, worüber man hier besser nicht spricht.

- Wenig entwickelte Teams haben keine gemeinsame Stimme. Spricht man mit einzelnen Teammitgliedern, dann können sie durchaus offen, ehrlich und zugänglich sein. Vor der Gruppe schweigen sie aber lieber – oder fangen Streit an und erheben Vorwürfe. Manchmal reden alle durcheinander und nichts macht Sinn. Am Ende ist es vielleicht ein – formeller oder informeller – Anführer, der sinngemäß sagt: Schluss jetzt! Wir machen, was ich will! Die Gruppendynamik kann allerdings auch so sein, dass man sich Misserfolge gemeinsam schönredet.

- In schwierigen Situationen herrscht sofort Misstrauen. Jeder Einzelne sichert sich ab, sammelt Munition, wappnet sich. Schuld sind immer die anderen. Typischerweise bricht in Krisen das letzte bisschen gemeinsame Verantwortung weg. Jetzt wird auf die Hierarchie gestarrt: Wer ist die verantwortliche Führungskraft? Die soll ihren Hut nehmen! Vielleicht kommt Ihnen das aus der Politik bekannt vor …

Ich habe vor vielen Jahren einmal ein Vertriebsteam trainiert – oder besser: *versucht* zu trainieren –, auf das viele der genannten negativen Punkte zutrafen. Was die Jungs am besten drauf hatten, waren Ausreden. Immer lag es am Produkt oder an der Firma und ihrem schlechten Image, wenn sie nicht genug verkauften. Alle waren der Meinung, nicht sie bräuchten das Training, sondern ihre Chefs. Und Übungen? Bitte nicht! Als ich mitgefahren bin zu den Kunden, konnte ich mir selbst ein Bild machen, wie schlecht die Gespräche verliefen. Doch darüber konnte ich mit dem Team nicht reden. Alle sagten: Ist doch okay so, wie es läuft. Objektive Vergleiche schienen ihnen unnötig. Und Ziele? Wir verkaufen Zeug – irgendwie. Reicht das nicht als Ziel?

Nun aber genug von den Gurkentruppen! Mir war wichtig, einmal schonungslos aufzudecken, wie wenig entwickelt Teams sein können. Wenn Sie solche Teams kennen oder Ihr eigenes Team Teile der von mir beschriebenen Probleme hat, dann wissen Sie einfach, dass es noch viel zu tun gibt. Die gute Nachricht: Es ist immer möglich zu üben und sich zu verbessern! Erinnern Sie sich an das, was Sie in den ersten drei Teilen dieses Buchs gelesen haben: Individuelle Übung und Entwicklung muss immer wieder in das Team einfließen und dort produktiv werden!

Getting better every day: das fortgeschrittene Team

Ein weit fortgeschrittenes Team habe ich einmal an der Spitze eines Familienunternehmens der Bekleidungsbranche erlebt. Dieses Managementteam ist auch deshalb ein gutes Beispiel für die möglichen Fortschritte in Teams, weil es über viele Jahre zusammengeblieben ist. Gegründet wurde die Firma von einem Ehepaar in den 1970er-Jahren. Das Paar baute die Firma auf und eröffnete insgesamt 15 große Filialen. In den 1980er- und 1990er-Jahren gab es dann ständiges Wachstum. Als die beiden Kinder erwachsen waren, kamen sie mit ins Management. Schließlich holte die Familie noch einen langjährigen Mitarbeiter als Logistikmanager ins Boot. So entstand schließlich ein Managementteam aus fünf Leuten.

Wenn ein Team sich über Jahre entwickelt

Am Anfang lief alles ziemlich hierarchisch. Die Eltern hatten das Sagen. Mit der Zeit änderten sie jedoch ihre autoritäre Einstellung.

Schließlich begegneten sich alle Teammitglieder auf Augenhöhe. Man sprach miteinander über Ziele und übernahm gemeinsam die Verantwortung für Erfolge und Misserfolge. Gleichzeitig entwickelten sich die Talente weiter und unterschiedliche Rollen kristallisierten sich heraus. Der Vater ist hier der Zahlen-Daten-Fakten-Typ. Finanzierung, Kennzahlen, Steigerungsraten – das ist seine Welt. Die Mutter hat sich auf den Einkauf spezialisiert. Sie weiß, was in der nächsten Saison laufen wird, und kennt immer die besten Bezugsquellen. Die Tochter ist ganz die Kreative. Sie denkt sich Kundenevents aus, behält die Trends im Internet im Blick und sorgt immer wieder für eine frische *Corporate Identity*. Der Sohn ist ein echtes Klavier – ein Allrounder als Manager, der sich um alles Mögliche kümmert. Der Logistiker schließlich ergänzt die vier Familienmitglieder als Spezialist perfekt. Von einer perfekten Logistik hängt in der Bekleidungsbranche der Erfolg entscheidend ab.

Diese fünf Leute habe ich als echtes Team kennengelernt. Sie sind gut drauf, wissen, was sie können, und sprechen mit einer Stimme. Über die Jahre haben sie auch immer mehr in ihre Mitarbeiter investiert. Weiterbildung wird in der Firma großgeschrieben. Es ist das Ziel, überall die besten Leute zu beschäftigen. Gab es am Anfang richtig autoritäre und bürokratische Strukturen, so soll heute möglichst viel vor Ort in den Filialen entschieden werden. Erfolge werden geteilt und gemeinsam gefeiert. Entsprechend hoch ist das Engagement der Mitarbeiter. Charakteristisch für dieses Team aus unterschiedlichen Generationen ist es auch, immer wieder offen für Neues zu sein. Obwohl es die Firma nun schon fast 40 Jahre gibt, gelingt es ihr überraschend gut, jugendliche Zielgruppen zu erreichen. Sie ist zum Beispiel auf Musikfestivals präsent oder macht spannende Aktionen in Social Media.

Was genau macht also ein fortgeschrittenes Team besser? Hier sind einige Stichworte:

- Konflikte sind nicht nur erlaubt, sondern werden auch produktiv gemacht. Kreative Konfliktlösung ist gefragt. Es gibt keine Sieger und Verlierer im Konflikt – nur gemeinsames Lernen. Zu viel Harmonie ist verdächtig.

- Es gibt klare Maßstäbe für den Erfolg. Kritisches Feedback ist wichtig. Alle sollen jederzeit wissen, wo das Team steht. Unangenehme Wahrheiten sollen und dürfen alle jederzeit aussprechen.

- Ziele werden gemeinsam definiert, regelmäßig diskutiert und, wenn nötig, auch mal infrage gestellt. Ist ein Ziel erreicht, feiern alle gemeinsam den Erfolg.

- Talent ist wichtiger als Hierarchie. Die Teammitglieder verstehen immer mehr, was sie selbst können und was die anderen im Team können. Fortbildung ist wichtig. Das Team will Potenziale entwickeln. Wer besondere Fähigkeiten hat, darf besondere Aufgaben übernehmen.

- Das Team spricht nach außen mit einer Stimme. Meinungsverschiedenheiten werden intern ausgetragen und nicht vor Externen. Was gemeinsam beschlossen wurde, tragen alle mit.

- Es herrscht bereits viel Vertrauen. Alle wissen, dass es gute und schlechte Zeiten gibt und man für Misserfolge ebenso gemeinsam die Verantwortung übernehmen muss, wie man Erfolge zusammen feiert.

- Der zunehmend positive Spirit des Teams strahlt nach außen und steckt andere an. Ein fortgeschrittenes Managementteam zum Beispiel inspiriert die Mitarbeiter. Wissen wird gerne geteilt. Erfolgreiche Teams helfen anderen Teams.

Klingt das gut für Sie? Könnte das Ihr Team sein? Dann sind Sie jetzt vielleicht neugierig, was das virtuose Team noch besser macht.

We are the champions: das virtuose Team

Am liebsten würde ich Ihnen jetzt ein Paradebeispiel für ein virtuoses Spitzenteam präsentieren. Leider sind solche Beispiele noch sehr selten. Dieses Buch heißt nicht umsonst *Spitzenteams der Zukunft* – in der Gegenwart können Sie schon stolz auf jedes Team sein, das den fortgeschrittenen Level erreicht hat. Genau wie wir auf dem Weg zu einer neuen Wirtschaft gerade einmal die ersten Schritte gehen, gibt es auch bei Teams noch sehr viel Entwicklungspotenzial. Immer wieder habe ich jedoch auch schon Teams kennengelernt, die nah an der Virtuosität dran waren. So zum Beispiel ein Managementteam bei einer holländischen Bank, in dem die Teamrollen nahezu perfekt ausbalanciert waren. Nach drei Jahren zerfiel dieses Team, weil drei Teammitglieder sich für neue, individuelle Karrierechancen in anderen Unternehmen entschieden hatten.

Was ich während der drei Jahre bei dem Managementteam dieser Bank erlebt habe, war vor allen Dingen eine Offenheit und Ehrlichkeit, wie sie heute noch ganz selten ist. Jeden Tag wurde Klartext geredet. Es gab keine Tabus, nichts Negatives wurde versteckt oder schöngeredet. Dabei wurden die Teammitglieder untereinander – jetzt kommt das Entscheidende – niemals persönlich oder verletzend. Die Grundhaltung war: Das sind die Fakten, die sehen wir uns an und dann entscheiden wir gemeinsam, **Jeden Tag** was als Nächstes zu tun ist. Wenn uns die Fakten **wurde Klartext geredet.** nicht gefallen, dann spielt dabei keine Rolle, wer »schuld« ist, denn die Tatsachen lassen sich jetzt auch nicht mehr ändern. Es müssen Lösungen her! Angst vor Bloßstellung oder Verurteilung war in diesem Team also völlig unbekannt. Die Teammitglieder waren jederzeit bereit, ihren Standpunkt zu ändern, wenn sich im Teamdialog neue Perspektiven ergaben.

In einem gewissen Sinn war dieses Team konfliktfrei. Jedoch nicht so, wie Anfängerteams manchmal – scheinbar – konfliktfrei sind. Es wurde ja nichts unter den Teppich gekehrt. Differenzen waren einfach so selbstverständlich und wurden so offen besprochen, dass sie sich für die Teammitglieder gar nicht mehr wie »Konflikte« anfühlten. Da Meinungsverschiedenheiten nie auf die persönliche Ebene gezogen wurden, kamen auch keine negativen Gefühle ins Spiel. Statt Konflikten hatte dieses Team *Proflikte* – Reibungen, deren Energie sich positiv und produktiv auswirkte. Es war beeindruckend zu erleben, wie viel des heute noch verbreiteten beruflichen Stresses allein durch diese Art des Umgangs der Vergangenheit angehörte.

Gerne erinnere ich mich auch an die Zeit, als unsere Trainingsfirma *Cat Consultants,* die meine Frau Jaqueline und ich Anfang der 1990er-Jahre gegründet hatten, mit den Firmen der anderen Trainer Jeanette, John und Jan die gemeinsame Marke SDCT schuf. Die Abkürzung SDCT steht für *Some Dreams Come True* – die witzige Geschichte zu diesem Namen habe ich in meinem ersten Buch erzählt. Tatsächlich haben wir Trainer uns damals eine Zeit lang als ein Dreamteam empfunden. Für praktisch jeden denkbaren Kundenauftrag konnten wir mit unserem Teamorchester die passende Musik machen – so gut ergänzten sich die Teamrollen. Unsere Büros lagen in ganz Holland verstreut und wir hatten nicht mal einen Kooperationsvertrag – alles war allein per Handschlag vereinbart. Trotzdem lief die Zusammenarbeit wie am Schnürchen. Nicht nur, weil wir sämtliche Teamrollen abdecken konnten und uns regelmäßig offen und ehrlich austauschten, sondern vor allem auch, weil wir absolutes Vertrauen zueinander hatten.

Ich bin mir sicher, viele von Ihnen haben ähnliche Erfahrungen gemacht, wie ich sie als Ansätze virtuoser Teams beschrieben habe. Da hat mal eine Zeit lang in einem Team wirklich alles gepasst. Auf diesen Erfahrungen lässt sich in Zukunft aufbauen. Sie sind Vorboten der neuen Welt der Wirtschaft.

🔊 Eine Ahnung bekommen, was Teams leisten können

Oft genügt es, eine Ahnung bekommen zu haben, was Teams leisten und wie Menschen über sich hinauswachsen können. Diese Ahnung lässt viele nicht mehr los – bis sie eines Tages mehr und mehr das Umfeld vorfinden, in dem sie einen echten Flow erleben können.

MERKMALE EINES VIRTUOSEN TEAMS

1. *Proflikte* statt Konflikte: Meinungsverschiedenheiten sind völlig selbstverständlich. Sie werden produktiv genutzt – auf der Sachebene und bei guter Stimmung.

2. Radikale Offenheit und Ehrlichkeit: Nichts wird versteckt, niemand redet um den heißen Brei, keiner positioniert sich. Die Angst, wegen Fehlern angeprangert zu werden, gehört der Vergangenheit an.

3. Alles dreht sich um Ziele und Talente: Für jedes Ziel gibt es die passenden Leute – umgekehrt setzen sich Talente die passenden Ziele.

4. Vertrauen ist selbstverständlich: Es ist gut, über das Thema Vertrauen offen zu sprechen. Doch in virtuosen Teams ist das gar nicht mehr nötig. Vertrauen ist die natürliche Basis für alles.

5. Flow-Erlebnisse: In virtuosen Teams stellt sich immer häufiger ein echter Flow ein. Alles scheint selbstverständlich zu fließen. Abstimmung gelingt spontan und mit Leichtigkeit. Die Stimmung ist überragend gut.

6. Augenhöhe: Die Teammitglieder sind absolut gleichgestellt. Es gibt weder formelle noch informelle Hierarchien. Auch herrscht keine Dominanz der Extravertierten gegenüber den Introvertierten.

7. Jamming: Einer wirft eine Idee in den Raum, die anderen greifen sie auf und entwickeln sie weiter – so kommen virtuose Teams zu Fortschritten.

8. Belohnungen teilen: Bei Erfolg wird das Team belohnt, nicht einzelne Mitglieder. Für gleiche Beiträge gibt es gleiches Geld.

Dieses Kapitel möchte auf keinen Fall den Eindruck erwecken, ein virtuoses Team zu haben sei kaum erreichbar. Ja, es stimmt – vielfach existieren heute erst Ansätze zu virtuosen Teams. Was wir heute sehen, ist eine normale Reaktion auf ein abnormales Umfeld. Der Weg zum Virtuosen ist ein langer Weg der kleinen Schritte. Ich kann alle nur zu diesen kleinen Schritten ermutigen. Übung macht den Meister – das gilt sowohl für Individuen als auch für Teams. Also: Hören Sie niemals auf zu üben! So machen es Virtuosen.

REWIND

Ein echtes Team ist eine Gruppe von fünf bis acht Menschen, die ein gemeinsames Ziel hat, das zu erreichen den Einsatz unterschiedlicher Talente erfordert.

Den Weg vom Einsteiger über den Fortgeschrittenen zum Virtuosen gibt es nicht nur für Individuen in einzelnen Teamrollen, sondern auch für das gesamte Team.

Virtuose Spitzenteams sind heute noch selten. Hier herrschen Offenheit und Vertrauen in einem Maß, das echte Flow-Erlebnisse ermöglicht.

SINGT EINFACH!
ANLEITUNG ZUM JAMMING

 »Für mich ist Jazz eine Lebensweise: improvisieren, aber auf ein Schema.
Ich finde es allerdings schwierig, so eine Lebenseinstellung mit Worten zu beschreiben.«
Helge Schneider, Jazzmusiker und Comedian

Kennen Sie den »Earth Overshoot Day«? Dieser Tag wird jährlich von der kalifornischen Non-Profit-Organisation »Global Footprint Network« berechnet. Ab diesem »Überlastungstag« übersteigt die menschliche Nachfrage an natürlichen Ressourcen die Kapazität der Erde, diese Ressourcen zu reproduzieren. Im Jahr 1987 lag der »Earth Overshoot Day« am 19. Dezember. Alles, was die Menschen bis zu diesem Tag an Ressourcen verbraucht hatten, konnte die Erde wieder neu bereitstellen. Zum Beispiel wurde das ausgestoßene Kohlendioxid über den Meeren und in den Wäldern wieder in Sauerstoff und Kohlenstoff umgewandelt. Die zwölf Tage bis zum Rest des Jahres betrieb die Menschheit Raubbau.

1995 fiel der »Earth Overshoot Day« schon auf den 21. November. Fünf Jahre später, im Jahr 2000, war er am 1. November. 2005 dann am 20. Oktober und 2009 am 25. September. 2013 wurde der Erdüberlastungstag für den 20. August berechnet. Es fehlt also nicht mehr viel und wir verbrauchen jedes Jahr die Ressourcen von anderthalb Erden. Immer schneller wird die Überlastungsgrenze erreicht. Wenn wir so weiter wirtschaften wie bisher, verbrauchen wir ab 2050 die Ressourcen von zwei Erden. Wo sollen die herkommen?

Egal, wie zuverlässig diese Berechnungen im Detail sein mögen: Der immer früher eintretende »Earth Overshoot Day« ist ein starkes Bild dafür, wie unausweichlich Veränderungen sind. Wir haben die

Wahl: in Angststarre verfallen und den Kopf in den Sand stecken oder einfach mal anfangen und die ersten kleinen Schritte gehen – ohne den ganzen Weg schon zu kennen. Wie würden Sie entscheiden?

»Wir brauchen keine Sheople, wir brauchen Rebellen« – das sagt mein Freund, der Zukunftsforscher und Trendwatcher Tony Bosma. »Sheople«, Sheep-People, Menschen brav und blöd wie Schafe, die hat unser Wirtschafts- und Gesellschaftssystem lange genug herangezüchtet. Die Folge ist eine Herde, die mehr Angst vor Wölfen hat als vor dem Abgrund, auf den sie zutrottet. Wenn Tony Bosma sich Rebellen wünscht, dann meint er damit nicht radikale Revolutionäre. Ein brutales Ab-morgen-alles-anders würde wahrscheinlich mehr neue Probleme schaffen, als alte lösen. Die Rebellen, die wir brauchen, das sind Innovatoren, Neudenker und mutige Veränderer. Menschen, die Lust haben, jeden Tag ein kleines Stück zu bewegen. Leute wie Sie und ich, die sich nicht lange damit aufhalten, Forderungen an andere zu stellen – an Politiker, Organisationen, Konzerne –, sondern lieber selbst dort anfangen, wo sie gerade stehen. Mutige, die jene Talente mitnehmen und fördern, mit denen sie heute zu tun haben. Solche Menschen sind die Keimzellen für die Spitzenteams der Zukunft. Und mit diesen innovativen Spitzenteams werden wir die Wende zu einer nachhaltigen Wirtschaft schaffen.

Doch was bedeutet heute überhaupt Innovation? Wir sind es immer noch gewohnt, bei Innovationen in erster Linie an technische Neuerungen zu denken. Der technische Fortschritt ist seit der industriellen Revolution der stärkste Entwicklungsmotor für unsere Wirtschaft gewesen. Wir hoffen auch heute auf technische Innovationen, keine Frage. Die regenerativen Energien zum Beispiel stecken technologisch noch in den Kinderschuhen. Und die Autoindustrie wartet auf bessere Batterien und neue Ladestationen, damit Elektroautos uneingeschränkt langstreckentauglich werden. Ich war schon kurz davor, einen *Tesla* zu bestellen – aber mit unter 500 Kilometern Reichweite komme ich in meinem Job einfach nicht klar. Deshalb fahre ich jetzt erst mal

Soziale Innovationen sind wichtiger als technische Innovationen.

ein Hybrid-Auto mit einem Benzinverbrauch um die 5 l / 100 km. Ein Elektroauto, mit dem ich uneingeschränkt mobil bin, würde ich sofort kaufen.

Ja, technische Innovationen sind weiterhin nötig. Doch wir erleben gerade eine leise Revolution, die vielen noch gar nicht aufgefallen ist: Soziale Innovationen sind längst wichtiger als technische Innovationen. Unter sozialen Innovationen versteht man hauptsächlich neue Arten der Kommunikation und Kooperation, die gesellschaftlichen Fortschritt ermöglichen und in Unternehmen zu mehr Effektivität und Wertschöpfung führen. Bei uns in den Niederlanden hat die Regierung dazu eine breit angelegte Studie durchgeführt. Dazu wurden 1600 Unternehmen in elf Top-Sektoren der Wirtschaft untersucht. Das verblüffende Ergebnis: Nur noch 23 Prozent des Innovationserfolgs basiert heute auf technischen Innovationen. 77 Prozent des Innovationserfolgs machen bereits soziale Innovationen aus. Zu den wichtigsten Feldern sozialer Innovation in Unternehmen zählen: dynamisches Management, selbststeuernde Teams, »smarte« Arbeitsorganisation sowie konsequente Talentförderung und Weiterbildung.

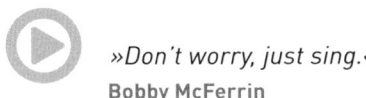

»Don't worry, just sing.«
Bobby McFerrin

Es ist Zeit, Neues zu wagen. Es ist Zeit, einfach mal anzufangen – frei von Angst und auf der Basis von Vertrauen. In der alten Welt der Wirtschaft mussten wir uns jedes Vertrauen erst verdienen. In der neuen Welt der Wirtschaft ist Vertrauen der Ausgangspunkt. Ohne Vertrauen kein Jamming. Vertrauen heißt, dass wir uns in Teams aufeinander einlassen und gemein- **Einfach** sam etwas riskieren, ohne genau zu wissen, was auf **mal anfangen** uns zukommen wird. Dazu ist es nötig, dass wir unser Ego ein Stück weit aufgeben. Um das alles geht es in diesem letzten Kapitel. Für alle, die Lust auf dieses Abenteuer verspüren, habe ich ein anschauliches Modell entwickelt. Es ist eine Art Gebrauchsanweisung zum Jamming. Ich nenne es das 4-C-Modell. Die vier Cs lauten: Compare, Connect, Commit, Cooperate. Wenn Sie

»4C« englisch aussprechen, klingt das wie *foresee* – und mit Voraus-schauen in die Zukunft hat es tatsächlich viel zu tun.

One, two, three, four: das 4-C-Modell

In meinem ersten Buch zitiere ich die *fünf Fehlfunktionen eines Teams*, wie sie der amerikanische Organisationsberater Patrick Lencioni in seinem Buch *The Five Dysfunctions of a Team* beschreibt (siehe *Macht Musik*, S. 142 f.). Wie ein Arzt diagnostiziert Lencioni die fünf verbreitetsten Krankheiten in Teams: fehlendes Vertrauen, Konfliktscheu, mangelndes Engagement (Commitment), Ablehnung von Verantwortung sowie Desinteresse an Ergebnissen. Die schwerste dieser »Krankheiten« ist für mich nach wie vor mangelndes Vertrauen. Wir sind es gewohnt, dass wir auf ein Beziehungskonto erst »einzahlen« müssen, bevor wir davon »abheben« dürfen. In den Teams der Zukunft wird das anders sein. Lange Phasen des Teambuilding, in denen die Teammitglieder unter anderem herausfinden, ob und wie weit sie einander vertrauen können, wird es nicht mehr geben. Entweder wir lernen, *jedem* Menschen *sofort* zu vertrauen – ohne Naivität. Oder Jamming in den Spitzenteams der Zukunft kann nicht funktionieren.

Ich habe mich gefragt, was so etwas wie der positive Gegenentwurf zu der Diagnose von Patrick Lencioni sein könnte. Wie sehen die fünf positiven Funktionen eines gesunden Teams aus? Daraus ist das 4-C-Modell entstanden, mit den Teamzielen im Mittelpunkt und den vier Cs – *Compare, Connect, Commit, Cooperate* – als eine Art Kreislauf drum herum.

Ohne gemeinsames Ziel kein Team – das haben Sie in diesem Buch bereits gelesen. Die Teamziele führen! Das dürfen Sie ganz wörtlich verstehen: In einem sich selbst steuernden Team ohne klassische Hierarchien nehmen die Ziele die Stelle der Führungskraft ein. Über Ziele muss deshalb viel ausführlicher gesprochen werden als früher, wo man im Zweifel den Boss fragen konnte, was als Nächstes zu tun ist. Die Spitzenteams der Zukunft werden sich mit ihren Zielen so oft

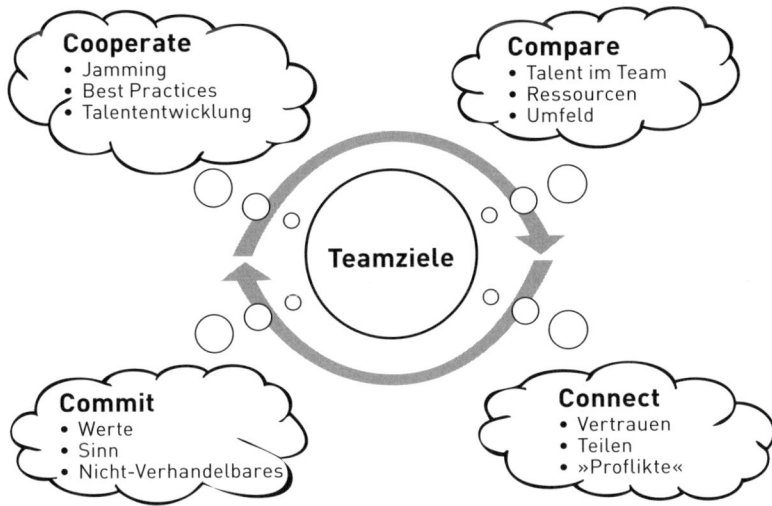

Abbildung: Spitzenteams der Zukunft – das 4-C-Modell

und so ausführlich beschäftigen wie nie zuvor. Es wird ein intensiver Prozess sein. Da wird es niemanden mehr geben, der einfach sagt »Wir brauchen zehn Prozent mehr« – und die anderen nicken das dann einfach ab. Vielmehr müssen Ziele ständig neuen Entwicklungen und Herausforderungen angepasst werden. Sämtliche Teammitglieder sollen und dürfen die Ziele immer wieder hinterfragen. Ziele müssen allen klar sein und alle sollten einen Sinn in dem jeweiligen Ziel erkennen.

C1: Compare

Compare heißt vergleichen. Vergleichen ist etwas, das wir Menschen ohnehin die ganze Zeit machen: Wir vergleichen unsere Büros, unsere Autos, unsere Einkommen, die Attraktivität unserer Partner und so weiter. Mal sind solche Vergleiche hilfreich, mal sind sie lächerlich. In jedem Fall sind sie Alltag. Beim *Compare* im 4-C-Modell geht es zunächst darum, uns im Hinblick auf unsere Talente zu vergleichen: Was für Talente haben wir zur Verfügung? Wer sitzt am Tisch? Was kann wer beitragen, damit wir unsere Teamziele erreichen? Bei diesem Vergleich ist eine Offenheit nötig, wie sie für einige heute noch gewöhnungsbedürftig ist. Wir haben in den letzten Jahren gelernt, uns im Berufsleben immer etwas besser zu machen, als wir sind. Es gibt eine eigene Ratgeberliteratur für »perfekte« Bewerbungsmappen, voller Tipps und Tricks, wie man sich mit Superlativen, Beschönigungen und aalglatten Formulierungen ins beste Licht rückt. *Mehrjährige Erfahrung* hier, *leitende Position* dort – es wird geprahlt, was das Zeug hält. Das dürfen wir jetzt alles wieder vergessen. In Zukunft ist die schlichte Wahrheit gefragt.

 **Welche Talente gibt es und was ist das Ziel?**

Im Gegenzug für die Wahrheit gibt es Wertschätzung. Und zwar auch und gerade für ungewöhnliche und abwechslungsreiche Biografien. Wer lieber zwei Jahre auf Weltreise gegangen ist, als an seiner Karriere zu basteln, muss deshalb noch lange keine »Lücke« in seiner Biografie haben. Sondern er könnte auch Erfahrungen gesammelt haben, die dem Team ausgesprochen nützlich sind. Um das herauszufinden, ist totale Offenheit nötig. Dank Social Media gewöhnen wir uns langsam daran. Noch nie haben so viele Menschen ihr Leben für alle sichtbar gemacht. So etwas wird in Zukunft selbstverständlich sein. Schon heute machen sich Jugendliche kaum große Gedanken über Privatsphäre im Internet. Sie nutzen einfach die neuen Möglichkeiten. Das mag manchmal naiv aussehen, zeigt aber, in welche Richtung der Trend geht.

Im Team gilt es, alles offenzulegen, was an Talenten und Erfahrungen da ist. Gerade die verborgenen Talente sind interessant. Es gibt eine im Coaching verbreitete Methode, um verborgenen Talenten auf die Spur zu kommen. Dabei schreiben Sie eines oder mehrere Ihrer größten Erfolgserlebnisse auf. Wofür haben Sie mal so richtig Applaus bekommen? Was hat Ihnen einen Riesenspaß gemacht? Wo waren Sie im Flow? Beschreiben Sie das so ausführlich wie möglich. Jedes kleine Detail zählt. Schildern Sie nicht nur die Fakten, sondern auch, wie Sie sich jeweils gefühlt haben. Anschließend analysieren Sie den Text zusammen mit einem Coach oder in der Gruppe. Gar nicht so selten gibt es hier Überraschungen. Aufgaben, die jemand im Team seit Jahren erledigt und immer wieder zugewiesen bekommt, müssen nicht automatisch seinen größten Talenten entsprechen. Teams sollten lernen, über Wünsche, Vorstellungen und Träume zu sprechen und diese ebenfalls zu vergleichen. So entstehen ganz neue Perspektiven.

Es gibt noch weitere Vergleiche neben dem Vergleich der einzelnen Fähigkeiten im Team. Der nächste Vergleich ist der Vergleich der Talente mit den Teamzielen: Können wir ein bestimmtes Ziel mit dem erreichen, was wir im Team an Talenten zur Verfügung haben? In der alten Welt der Wirtschaft spielte diese Frage oft keine Rolle. Ziele wurden von oben vorgegeben – und dann konnten sich die Mitarbeiter überlegen, wie das Ziel zu schaffen ist. Die Spitzenteams der Zukunft sorgen dafür, dass Ziele und Talente genau zusammenpassen. Dazu ist es in einem Fall nötig, die Ziele zu modifizieren, und in einem anderen Fall, die Talente weiterzuentwickeln – oder bei einzelnen Teammitgliedern alternative Teamrollen zu aktivieren.

Der letzte Vergleich gilt den Ressourcen und dem Umfeld. Was steht an Zeit und Geld zur Verfügung? Gibt es für ein bestimmtes Vorhaben überhaupt einen Markt? Wie sieht es mit **Ressourcen und Umfeld vergleichen** gesetzlichen Bestimmungen aus? Die Antworten auf Fragen wie diese sind ein wichtiger Realitäts-Check. Selbst ein Team aus hoch talentierten Idealisten mit genau passenden Teamrollen wird seine Ziele kaum erreichen, wenn die Rahmenbedingungen einfach nicht stimmen. Auch hier gilt es noch einmal, absolut ehrlich zu sein und sich nichts schönzureden. Fällt auch dieser Vergleich positiv aus, dann sind die Erwartungen fürs Erste geklärt. Doch Vorsicht: Weder dieses noch ein anderes der vier Cs lässt sich so einfach »abhaken«. Alles gehört im Team regelmäßig auf den Prüfstand.

C2: Connect

Connect bedeutet verbinden. Verbindungen einzugehen ist ein Grundprinzip der Natur – von chemischen Verbindungen bis hin zur Paar- und Rudelbildung im Tierreich. Unser menschlicher Körper ist eine Verbindung aus rund 50 Billionen Zellen, die auf eine hochintelligente Art und Weise miteinander kommunizieren. Mal ist es einfach, Verbindungen einzugehen – und mal verschmilzt etwas nur unter hohem Druck. So ist es auch in Teams: Unter bestimmten Bedingungen finden Menschen sich leicht zu einem Team zusammen und das Team funktioniert auf Anhieb. Teams, die völlig reibungslos funktionieren, sind allerdings sehr selten. Die Teams der Zukunft wissen das und rechnen mit *Proflikten* – produktiven Konflikten –, die die Verbindung stärken. Der positive und produktive Umgang mit Gegensätzen und Unterschieden ist ein wesentliches Merkmal von Teams, die an einer wirklich starken Verbindung arbeiten. Spitzenteams der Zukunft sind inklusiv. Inklusion bedeutet auch und gerade, Gegensätze produktiv zu machen.

Ein Team, das *Proflikte* kennt, macht Gegensätze sichtbar, statt sie zu verbergen. Neulich saß ich mit einigen Kollegen von der niederländischen Belbin-Organisation zusammen. Es ging um unsere Initiative *Belbin für Kids.* Das Meeting drehte sich im Kreis. Alle waren nett zueinander und wollten furchtbar gerne viel Gutes tun. Da sagte Rob Groen, unser Vorsitzender, plötzlich: »Stopp! Lasst uns alle aufhören, Geige zu spielen.« Wir mussten lachen. Rob fuhr fort: »Lasst uns besser die Perspektive wechseln.« Er wollte, dass die Gegensätze auf den Tisch kommen. Wir beschäftigten uns längst zu lange mit unseren Gemeinsamkeiten. Um weiterzukommen, mussten wir jetzt offen diskutieren, was es noch an unterschiedlichen Vorstellungen gab. Rob wusste: Es gibt Situationen, in denen man *Proflikte* auch mal herauskitzeln muss. Gegensätze dürfen nie versteckt werden. Zur Not sollte es sich einer zur Aufgabe machen, sie ans Licht zu zerren.

Vertrauen ist die Basis für Verbindung in Teams. Wo Vertrauen herrscht, da dürfen *Proflikte* sein und da werden Gegensätze nicht als Gefahr für die Teamharmonie wahrgenommen. Wo Vertrauen herrscht, da achtet auch einer die Meinung des anderen. Unser Ego will es heute oft anders: Es will recht haben und recht behalten. Es will andere Menschen für die eigene Karriere benutzen. Und es meint, alles alleine zu können. In den Teams der Zukunft werden alle ein Stück von ihrem Ego aufgeben, um stärker in die Verbindung zu gehen. *From ego to we go!* Das bedeutet: Die Meinung anderer stets als gleichwertig betrachten. In anderen Menschen Talente sehen, jenseits von Alter, Herkunft, Hierarchiestufe und Lebensstil. Das gemeinsame Ziel über die individuellen Interessen stellen. Und nicht zuletzt: andere um Hilfe bitten und sich helfen lassen. In Spitzenteams ist sich niemand zu schade, andere um Unterstützung zu bitten.

Ein Stück Ego aufgeben bedeutet schließlich auch: opfern und teilen. Das hören manche vielleicht nicht so gern. Doch genau wie keine Familie ohne die Bereitschaft funktioniert, Opfer zu bringen und Dinge miteinander zu teilen, ist ohne diese Fähigkeit auch kein Spitzenteam denkbar. Verbindung bedeutet, etwas loslassen zu können, damit es für alle besser weitergeht. Viele heutige Führungskräfte werden Macht abgeben und in Zukunft mehr die Gruppe entscheiden lassen. Manche müssen liebgewonnene Privilegien oder Ansprüche auf individuelle Boni aufgeben. Ein Opfer für das Team kann aber beispielsweise auch darin bestehen, vorübergehend auf die Lieblingsteamrolle zu verzichten. Angenommen, jemand ist im Team am liebsten die kreative Gitarre. Doch es gibt da noch eine viel kreativere Person. Ein Klavier-Allrounder wäre für die Teamziele jetzt viel wichtiger. Dann liegt ein Opfer darin, die geliebte Gitarre – zumindest vorübergehend – gegen das weniger geliebte Klavier einzutauschen. Die Kompensation für dieses Opfer besteht in dem gemeinsamen Erfolg, den am Schluss alle miteinander teilen.

Verbindung bedeutet auch, etwas loslassen zu können.

Teams sollten sich regelmäßig fragen: Wie steht es mit unserer Verbindung? Ist sie noch da? Ist sie noch stark genug? Und wie steht es um das Vertrauen? Ist es noch uneingeschränkt da oder hat es vielleicht gelitten und muss wiederhergestellt werden? Teams, die sowohl untereinander als auch mit ihren Zielen und ihrem Umfeld in Verbindung sind, erkennt man an ihrer Bereitschaft, sich einzulassen. Sie lassen sich auf Menschen und auf neue Situationen ein. Sie begegnen Leuten, die nicht ins System passen, mit Neugier statt mit Misstrauen. Sie haben Geduld. Sie »lauern« geradezu auf Stärken bei anderen Menschen – und sind bereit zu warten, bis sich Stärken zeigen, die auf den ersten Blick nicht sichtbar waren. Verbindung im Team entsteht nur, wenn alle sich Zeit füreinander nehmen. Vor allem am Anfang. Damit meine ich kein herkömmliches Teambuilding, sondern ich meine Zeit für Gespräche, für Beobachtungen, für Austausch. Das ist gut investierte Zeit, die sich am Ende auszahlt.

C3: Commit

Commit bedeutet sich einsetzen. Auch Commitment ist zu einem Containerwort geworden – viele führen es im Munde und fast jeder scheint etwas anderes darunter zu verstehen. Das ändert jedoch nichts daran, dass Engagement, Einsatz, sich einlassen und sich verpflichten für ein Spitzenteam unerlässlich sind. Das alles steckt in dem englischen Wort Commitment. Hinzu kommt ein großer Schuss Emotion. Echtes Engagement und kühle Distanz schließen sich gegenseitig aus. Natürlich sollen und können 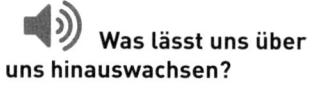 **Was lässt uns über uns hinauswachsen?** nicht alle Trompete spielen. Nicht jeder trägt seine Emotionen gerne nach außen. Aber auch Bässe und Harfen sind in Spitzenteams mit Herz bei der Sache. Auch wenn sich ihre Leidenschaft für die gemeinsamen Ziele nicht in Tschakka-Gebrüll ausdrückt.

Wenn ich Zuhörern erklären will, was echtes Commitment ist, dann erzähle ich gerne eine Geschichte, die vor 20 Jahren die Welt bewegte. Am 1. Mai 1994 starb der brasilianische Rennfahrer Ayrton Senna bei einem Unfall während des Formel-1-Rennens in Imola. Die genaue Unfallursache konnte bis heute nicht aufgeklärt werden. Senna war damals so etwas wie ein brasilianischer Nationalheld. Die Todesnachricht versetzte das ganze Land in einen Schockzustand. Sie trübte sogar die Vorfreude auf die Fußball-Weltmeisterschaft in den

USA, die am 17. Juni desselben Jahrs begann. In dieser Situation gab die brasilianische Nationalmannschaft die Losung aus: Wir werden Weltmeister zu Ehren von Ayrton Senna!

Millionen Brasilianer nahmen tief bewegt Anteil an diesem ganz besonderen Auftritt ihrer Nationalmannschaft. Die Mannschaft selbst rief sich vor jedem einzelnen Spiel in Erinnerung, für wessen Andenken sie bei dieser WM spielte. Lange bevor es beim Fußball üblich wurde, vor Spielen Mannschaftskreise zu bilden, feuerten sich die Spieler so immer wieder gegenseitig an. Schließlich kam es zu einer Art Showdown – dem Elfmeterschießen im Endspiel gegen Italien. Arm in Arm standen die übrigen brasilianischen Spieler in einer Kette, wenn einer ihrer Elfmeterschützen auf das Tor zielte. Diese Geste ist bis heute oft kopiert worden – damals war sie spontan und authentisch. Brasilien setzte sich im Elfmeterschießen schließlich durch und wurde Weltmeister.

In dieser Geschichte steckt vieles, was überragendes Engagement ausmacht: Es gibt einen Auslöser. Es geht um Werte. Es sind Emotionen im Spiel. Fast immer ist da auch eine starke Sinnkomponente: Es geht um etwas Größeres als die Interessen von Individuen. Dieses Größere berührt das Herz, es lässt Menschen an mehr denken als bloß an Einkommen, Boni oder Wachstumszahlen. Bei außergewöhnlichem Commitment geht es darum, dass alle sagen: »Ich möchte dabei sein!« Wer dabei ist, der erlebt schließlich eine Art von Flow. Manche wachsen über sich hinaus. Unerwartete Leistungssteigerungen sind möglich. Gleichzeitig darf Commitment in Teams aber auch kein blinder Rausch sein, der alle einfach wegträgt. Leidenschaft und regelmäßige kritische Selbstreflexion widersprechen sich nicht, sondern ergänzen einander.

In engagierten Teams gibt es immer so etwas wie einen Grundkonsens. Da ist eine Basis aus gemeinsamen Werten und Glaubenssätzen, die nicht verhandelbar sind. Dieses Nicht-Verhandelbare bildet neben dem Vertrauen die Grundlage für die volle Einsatzbereitschaft. In militärischen Einsatzgruppen gehört es zum Beispiel zum Nicht-Ver-

🔊 Die Basis von gemeinsamen Werten

handelbaren, dass verwundeten Kameraden sofort und unter allen Umständen geholfen werden muss. Darauf kann sich jeder verlassen. Doch auch in weniger extremen Situationen gibt es Nicht-Verhandelbares, zum Beispiel, dass Kunden jede Rechnung mit einem Lächeln bezahlen sollen oder jedes Produkt einen echten Nutzen bieten muss. Spitzenteams nehmen sich Zeit, über ihre gemeinsamen Werte zu sprechen und ihren Grundkonsens herauszuarbeiten.

Übrigens: Bei Teams mit überragendem Engagement denke ich gar nicht in erster Linie an Fußballnationalmannschaften, Spezialeinsatzkommandos oder Herzchirurgen. Das alles sind bloß einprägsame Beispiele, an denen sich manchmal besonders gut ablesen lässt, worauf es ankommt. Ich denke bei maximalem Commitment beispielsweise auch an ein Restaurant namens *Happy Italy,* in das meine Kinder mit ihren Freunden gerne gehen. Aktuell gibt es Filialen in Tilburg, Rotterdam und Hendrik-Ido-Ambacht. Engagierte Teams servieren hier preiswertes, schnelles und leckeres italienisches Essen. Die Preise ab 4,85 Euro für ein Hauptgericht sind auch für Schüler und Studenten bezahlbar. Anders als bei *Vapiano* gibt es keine Selbstbedienung, sondern vollen Service. In liebevoll und etwas verspielt eingerichteten Räumen arbeiten hier junge Leute für ein junges Publikum – und haben sichtlich Spaß dabei. Niemand muss einen Weltpokal gewinnen oder Leben retten, um sich voll zu engagieren. Wenn die Voraussetzungen stimmen, dann genügt dafür zum Beispiel die Freude, anderen einen schönen Abend zu bereiten.

C4: Cooperate

Cooperate heißt zusammenarbeiten. Und das bedeutet in Zukunft vor allem Jamming – gekonnt improvisieren und den Prozess genießen. In den Spitzenteams der Zukunft wissen alle, dass niemand Ziele allein erreichen kann. Zusammenarbeit auf der Basis von Vertrauen findet auf den unterschiedlichsten Ebenen statt. Doch nicht nur *wie* die Arbeit erledigt wird, sondern auch *welche* Arbeit überhaupt sinnvoll ist, entscheidet sich in Zukunft zunehmend kooperativ. Teams setzen sich ihre Ziele selbstständig und steuern sich anschließend auch selbst. Starre Prozessbeschreibungen gehören bald der Vergangenheit an. Dinge entstehen in der Zusammenarbeit. Auf der Basis von Vertrauen und einem jeweiligen nicht-verhandelbaren Konsens ist es möglich, immer wieder Neues auszuprobieren.

Das Wunderbare beim Jamming in der Musik ist das Genießen des Augenblicks. Die Musik, die in einer Jam-Session entsteht, ist einzigartig und findet hier und jetzt statt. Die Musiker kommen in einen Flow. So kann auch Teamarbeit sein, wenn sie die höchste Stufe der Virtuosität erreicht hat. Die Teammitglieder lassen sich dann voll aufeinander ein. Sie lassen ihre Erwartungen los und sind in der Lage, von fertigen Konzepten und Plänen immer wieder abzurücken und diese zu modifizieren und **Was** zu verbessern. In wirklich kooperativen Struktu- **entsteht gemeinsam hier** ren widerstehen die einzelnen Teammitglieder der **und jetzt?** Versuchung, sich allein auf ihr erworbenes Expertenwissen zu verlassen. Denn sogenanntes Expertenwissen ist immer das Produkt von Lösungen für die Probleme der Vergangenheit. Es kann sein, dass die Probleme der Gegenwart und Zukunft ähnlich sind wie die der Vergangenheit. Doch das ist nicht sicher.

Wichtiger als herkömmliches Expertenwissen ist es, *Best Practices* miteinander zu teilen. Welche Erfahrungen haben die einzelnen Teammitglieder gemacht? Was lässt sich daraus lernen? In der alten Welt der Wirtschaft war das Teilen von Wissen oft heikel. Es galt der Satz »Wissen ist Macht«. Wer mehr wusste als andere, der hatte im Zweifel einen Vorteil im Konkurrenzkampf. Wissen ließ sich auch lange gut zu Geld machen, beispielsweise als Beraterwissen. Wer dieses Wissen haben wollte, der musste dafür zahlen. In der neuen Welt der Wirtschaft ist Wissen allein immer weniger wert. Durch Internet und *Big Data* haben alle denselben Zugang zu Wissen. Erst in der Zusammenarbeit mit anderen wird Wissen in Zukunft produktiv. Das wertvollste Wissen kommt aus der gemeinsamen Erfahrung. Diese *Best Practices* gilt es festzuhalten und anderen zugänglich zu machen – beispielsweis in Form von Wissensspeichern und Unternehmens-Wikis.

Kooperation bedeutet immer auch, wechselseitig die Talente weiterzuentwickeln. Fortbildung ist wichtig – noch wichtiger ist es, jeden
Tag in der Zusammenarbeit dazuzulernen. Bewusstes Lernen gelingt
am besten über regelmäßige Feedbackrunden. In unseren früheren
Trainingsfirmen haben wir jeden Freitag ausführlich im Team darüber gesprochen, was innerhalb einer Woche gut gelaufen ist, wo es
Probleme gab und was wir alle daraus lernen können. Wo im Team
echtes Vertrauen herrscht, da lässt jeder die anderen auch aus den
eigenen Niederlagen lernen, statt diese zu verstecken oder schönzureden. Wichtig ist dabei, auch Feedbacks von außen, insbesondere
Kundenfeedbacks, mit einzubeziehen.

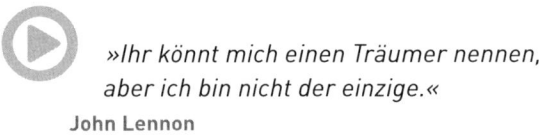

»Ihr könnt mich einen Träumer nennen,
aber ich bin nicht der einzige.«
John Lennon

Just sing – einfach singen

Don't worry, just sing – macht euch nicht so viele Gedanken, singt einfach! Diesen Spruch hat Bobby McFerrin geprägt. Noch bekannter
ist sein Song *Don't worry, be happy* – doch dieses »just sing« benutzt
Bobby McFerrin regelmäßig bei seinen Auftritten. In einem Interview
hat er darüber einmal gesagt: *Ich möchte Menschen dazu bringen,
dass sie einfach singen, so wie sie es können.* In diesem *Singt
einfach!* steckt alles drin, was ich Ihnen am Schluss
dieses Buchs mit auf den Weg geben möchte. Fangen Sie an zu jammen! Probieren Sie Dinge aus,
zielstrebig, aber ohne übergroßen Druck. Und üben
Sie immer wieder Ihre Instrumente – diejenigen der acht
Teamrollen, in denen Sie richtig gut werden wollen.

Fangen Sie an zu jammen!

Für mich selbst ist es eine Freude und ein großes Geschenk, dass ich
regelmäßig auf der Bühne stehen und jammen darf. Wenn ich meine
Shows vorbereite, dann spreche ich zunächst mit dem Kunden ab,

was er von meinem Impuls erwartet, mit was für einer Gruppe ich es zu tun bekommen werde und wie die Situation und die Stimmung gerade sind. Wenn ich dann auf der Bühne stehe, gehe ich in Resonanz mit dem Publikum und entscheide spontan, wie ich es diesmal mache. Nachdem ich nun schon so lange dabei bin, weiß ich inzwischen intuitiv, was jeweils als Nächstes dran ist. Klar gibt es Kollegen, die ihre Vorträge bis ins Detail einstudieren. Das finde ich okay. Für mich ist es aber das Größte zu jammen. Ich liebe das am meisten, was aus dem Augenblick heraus entsteht. Sonst würde mir irgendwann langweilig. Ich wünsche Ihnen von Herzen ähnliche Erlebnisse. Ich wünsche Ihnen, dass Sie – *einfach singen*.

I DREAM OF A TEAM

Ich träume von einem Team, ...

... in dem Angst nicht mehr regiert.

... in dem alles Sinn macht, was wir gemeinsam tun.

... das uns erlaubt, ganz leicht die Rollen zu wechseln.

... in dem Hierarchie kein Thema mehr ist.

... in dem wir unser Zusammenspiel einfach genießen.

... das rebelliert und innoviert, um eine nachhaltige Welt zu schaffen.

... in dem alle ihre Teamtalente kennen und entfalten.

... das inklusiv denkt statt exklusiv.

... das einfach schöne Musik macht, die die Herzen berührt.

BONUS-TRACKS

1. Online-Angebot

Es gibt keinen Virtuosen auf dieser Welt, der weniger als 8500 Stunden auf seinen Instrumenten geübt hat. Die Teams der Zukunft brauchen aber Virtuosen. Damit Sie beim Üben so viel Spaß wie möglich haben, biete ich Ihnen eine Ergänzung zum vorliegenden Buch: ein Online-Freemium-Angebot nur für Sie. Wenn Sie den QR-Codes im Buch folgen, kommen Sie auf meine Website. Dort können Sie für jedes Instrument ein paar Übungen finden. Und wenn Sie wirklich ein Virtuose werden möchten, dann können Sie für einen sehr niedrigen Preis auf www.teamtalenttraining.de viele E-Learning-Übungen machen, die Sie zur wahren Virtuosität führen werden.

2. Bücher von Meredith Belbin

Die Bücher, in denen der britische Forscher Meredith Belbin sein Teamrollenmodell herleitet und erklärt, gibt es leider nicht in deutscher Übersetzung. Die Originalausgaben werden jedoch immer wieder aufgelegt und lassen sich problemlos bestellen (beispielsweise über Amazon.de).

Meredith Belbin: Management Teams. Why they succeed or fail.
3. Aufl., Elsevier, 2010
In diesem Buch erklärt Belbin die Grundlagen seines Modells, bringt zahlreiche *Case Studies* und gibt praktische Tipps. Das Buch enthält eine Postkarte, die Sie an die Belbin-Organisation in England schicken können. Sie erhalten dann per E-Mail einen Link zu einem gratis Online-Test. Die kostenlose Auswertung kommt wiederum per E-Mail und enthält: 1. Teamrollenprofil, 2. Beratungsreport (computergeneriert), 3.Charakterprofil und 4. Analyse Ihrer möglichen Arbeitsstile.

Meredith Belbin: Team Roles at Work.
   2. Aufl., Elsevier, 2010

Dieses Buch ist mehr umsetzungsorientiert, setzt aber das Wissen aus dem ersten Buch teilweise voraus. Es geht unter anderem noch einmal tiefer auf Themen wie Eignungstests, Teambuilding, Konfliktmanagement oder Nachfolgeregelungen ein.

3. Deutschsprachiger original Belbin-Test

Wenn Sie den Belbin-Test (Interplace®-Test) auf Deutsch machen möchten, haben Sie dazu unter www.belbin.de die Möglichkeit. Der Test ist kostenpflichtig (ca. 70 Euro) und kann für jedes Ihrer Teammitglieder wiederholt werden. Die Seite wird von der Firma *Bergander Team- und Führungsentwicklung* betrieben, die in Deutschland, Österreich und der Schweiz für die Belbin-Zertifizierungen zugelassen ist. Wolfgang Bergander und sein Team sind auch Ihre Ansprechpartner, wenn Sie sich selbst als Belbin-Trainer zertifizieren lassen möchten. Es finden regelmäßig Belbin-Seminare (mit Zertifikat) an unterschiedlichen Orten statt.

DER AUTOR

Foto: Jealine Bos

Richard de Hoop (CSP) kommt aus Weert / Niederlande und ist Experte für Teambuilding, Führung und Motivation. Mit diesen Themen ist er seit 1995 als Entert®ainer und Keynote-Sprecher erfolgreich in Europa unterwegs. Er nutzt Musik als Metapher und Inspirationsquelle für unternehmerischen Erfolg. In Deutschland bekannt wurde er als »Glückscoach« in der Pro7-Sendung *Der Glücksreport*. Richard de Hoop ist Mitglied der *German Speakers Association* (GSA) und der zweite Holländer, der als *Certified Speaking Professional* (CSP) ausgezeichnet wurde, der international und weltweit anerkannten Qualitätsauszeichnung für Vortragsredner. Er ist Partner der Initiative *TalentMe* zur Verbesserung von Lebenschancen bei Jugendlichen.

Bei GABAL ist bereits sein Buch *Macht Musik. So spielt Ihr Team zusammen, statt nur Lärm zu produzieren* erschienen.

www.richarddehoop.de

Buchungsanfragen für Vorträge und Seminare in Deutschland, Österreich und der Schweiz:
www.5-sterne-redner.de

STICHWORTREGISTER

Kompetentes Basiswissen für Ihren beruflichen & privaten Erfolg

Jürgen Kurz
**Für immer aufgeräumt –
auch digital**
ISBN 978-3-86936-561-9
€ 19,90 (D) / € 20,50 (A)

Steffen Ritter
Verkaufen kann von selbst laufen
ISBN 978-3-86936-559-6
€ 19,90 (D) / € 20,50 (A)

Sabine Krueger
Sprachen leichter lernen
ISBN 978-3-86936-560-2
€ 19,90 (D) / € 20,50 (A)

Thorsten Jekel
Digital Working für Manager
ISBN 978-3-86936-521-3
€ 19,90 (D) / € 20,50 (A)

Barbara Messer
Das schaffst du schon
ISBN 978-3-86936-523-7
€ 19,90 (D) / € 20,50 (A)

Josef W. Seifert
Visualisieren Präsentieren Moderieren
ISBN 978-3-86936-240-3
€ 19,90 (D) / € 20,50 (A)

Anita Hermann-Ruess
Emotionale Rhetorik
ISBN 978-3-86936-562-6
€ 19,90 (D) / € 20,50 (A)

Johannes Stärk
Assessment-Center erfolgreich bestehen
ISBN 978-3-86936-184-0
€ 29,90 (D) / € 30,80 (A)

Innovative Themen und frische Impulse für Business, Erfolg & Leben

Sylvia Löhken
Intros und Extros
ISBN 978-3-86936-549-7
€ 24,90 (D) / € 25,60 (A)

Sháá Wasmund, Richard Newton
Nicht reden, machen!
ISBN 978-3-86936-551-0
€ 22,90 (D) / € 23,60 (A)

Anne M. Schüller
Das Touchpoint-Unternehmen
ISBN 978-3-86936-550-3
€ 29,90 (D) / € 30,80 (A)

Markus Väth
Cooldown
ISBN 978-3-86936-514-5
€ 19,90 (D) / € 20,50 (A)

Dominic Multerer
**Marken müssen bewusst Regeln brechen,
um anders zu sein**
ISBN 978-3-86936-512-1
€ 24,90 (D) / € 25,60 (A)

Rob Symington, Dom Jackman,
Mikey Howe
Das Escape-Manifest
ISBN 978-3-86936-554-1
€ 24,90 (D) / € 25,60 (A)

Peter Brandl
Hudson River
ISBN 978-3-86936-509-1
€ 24,90 (D) / € 25,60 (A)

Jumi Vogler
**Was der Humor für Sie tun kann, wenn in
Ihrem Leben mal wieder alles schiefgeht**
ISBN 978-3-86936-548-0
€ 14,90 (D) / € 15,40 (A)

Alle Titel auch als E-Book erhältlich
Weitere Informationen finden Sie unter www.gabal-verlag.de